Web/アプリ運営者必見

外部送信規律
スピード対応マニュアル

山下大介 株式会社プライバシーテック
代表取締役

日経BP

はじめに

2023年6月16日から改正電気通信事業法（2022年6月に国会で成立）が施行されることになり、以下の２つの新しい規律が追加となりました。

(1)「特定利用者情報の適切な取り扱い」に関する規律
(2)「利用者情報の外部送信」に関する規律

(1) の規律は、利用者数が1,000万人（有料サービスの場合は500万人）を超えるサービスを提供している事業者に対して、特定利用者情報を守るための義務（社内ルールの策定や、利用者情報の取扱方針の公表、統括責任者の選任など）が盛り込まれるものとなっています。

(2) の規律は、事業者が外部送信をしている場合に、利用者に対する細かい情報開示を義務付ける規律です。この規律は、一般に認識されている電気通信事業者よりも幅広い事業者が対象で、具体的には、Webサイトやアプリを運営する多くの事業者が対象となります。

本書は (2) 外部送信規律を対象にしています。

現在、SNS、動画共有、ニュース配信、オンラインショッピング、個人間売買など、日常の様々な営みにおいて、利用者に関する情報がスマートフォンやパソコンなどを通じてやり取りされています。それにより、利用者個人に関するデータは利用者が知らないうちに取得され、流通しています。こうして膨大に蓄積されたデータは、サービスの利便性の向上や、人々の安全や健康の向上につながるサービス開発、減災や社会インフラの効率化につながる社会実装など、現代社会の発展に寄与しています。

その一方で、多くの企業や国家をまたいで情報はやり取りされています。それは利用者の想像を超えた範囲であり、個人の人権やプライバシー、利益を侵害するリスクが高まっている側面があります。

このような状況を改善するために、事業者に求めている方策の一つが「外部送信規律」なのです。なお、外部送信規律は、ターゲティング広告自体や、データを利活用したサービスやビジネス自体を規制するものではありません。

「外部送信規律」は新しい規律ですから、「自社が対応するべきか否か分からない」「具体的な調査方法や実装方法が分からない」と多くの事業者が頭を抱えていることでしょう。しかし、法律は2023年6月16日に施行されますので、Webサイトやアプリを運営する事業者は早急に対応しなければなりません。たとえ対象事業者ではなかったとしても、業界のトレンドとしてしっかり押さえておくことは必要です。

データ利活用するための対策

一般に「法令対応のための業務」となると、特にサービスを開発している方からすると、どこか面倒で、やらされているといった、後ろ向きな気持ちを持たれる方も多いのではないでしょうか。

また、3rd Party Cookieレス化や、Googleなどのプラットフォーム側による規制強化など、パーソナルデータ関連の変更が立て続けに起きており、中長期的なビジネスへの影響を検討しなければならない状況にいる中で、新たな「外部送信規律」への対応を急がなければならないとなると、なおさら「面倒」に感じることでしょう。

そこで本書では、「法令順守」にとどまらず、パーソナルデータを積極的に利活用することを念頭に置いています。

パーソナルデータを利活用するうえで、サイト運営者・アプリ提供者を悩ませる問題に「炎上」があります。本書で詳しく解説しますが、法令順守をしているだけでは、炎上を完全に防ぐことはできません。過去の炎上事例がそのことを雄弁に語っています。サイト運営者・アプリ提供者は、法令対応にとどまらず、利用者に愛される存在でないといけないのです。そのために本書では、外部送信規律の上位概念に当たる「プライバシー問題」に踏み込んでいます。

本書は社内で法令対応を推進する法務部やガバナンス部門の方はもちろん、パーソナルデータを活用してプロダクト開発や改善に当たっている事業部の方にもぜひ読んでもらいたいのです。

本書の構成

第１部は、外部送信規律の理解を踏まえたうえで、自社で対応する必要があるのかどうか、何が対象となり得るのかを判断するために必要な情報を整理しています。

第２部は、自組織で外部送信規律に対応する方法をまとめています。比較的大規模な組織を想定した「７ステップ」を示し、社内調査、実装、定期的な監査などを解説しています。

第３部では、法令順守だけでは「炎上リスク」は免れないという事実を踏まえたうえで、重要となる「プライバシーへの対応」について解説します。

第４部は、外部送信規律と関連する個人情報保護法と、外部送信規律を含む電気通信事業法の基礎的な知識をまとめています。

付録では、電気通信事業法の外部送信規律関連の法令文を掲載しています。法令文を確認したいときは、Appendix1をご覧ください。Appendix2では、外部送信規律への対応で必要となる通知または公表の記載例を示しています。Appendix3では、「主な外部送信先情報」を、可能な限り洗い出して掲載しています。実務を進めるうえで、この情報はきっとお役に立つと思います。

本書の内容は、執筆時点（2023年5月中旬）で公表されている情報に基づいて、記載・編集を行い、弁護士からも助言を得ています。最新の情報は総務省の公表資料をご確認いただき、法令上の判断・見解は必ず自社にて行ってください（著者は執筆時点以降における公表情報・解釈の定義・変更においては責任を負いません）。

目次

第2部 外部送信規律への対応

第3部 外部送信規律の背景にある「プライバシー問題」

第4部 関連する法律

付録

第1部 外部送信規律

Chapter

1 外部送信規律の概要

1-1 「確認機会の付与」を義務化するルール

Webサイトやアプリを通じてビジネスを展開する事業者は、サービス品質や収益向上、また、セキュリティーなどの安全性を向上する目的で、利用者のパソコンやスマートフォンから、様々な情報を取得し、活用しています。その情報には、氏名やメールアドレス、クレジットカード情報など、利用者が意図的に入力することで送信される情報のほか、Webサイトの閲覧履歴やオンライン上での行動履歴、スマートフォンの現在地を示す位置情報や端末を特定する広告識別子など、利用者が意図的に入力していなくてもサービス提供側へ送信される情報があります。

これらの情報は、サービスの提供者がWebサイトやアプリに情報を送信することを指示（指令）するプログラムをあらかじめ実装することによって、自動的に利用者の端末の外部に送信することが可能となります。これを「外部送信（情報送信指令通信）」と言います。送信先には、利用しているサービスの運営事業者だけでなく、事業者が連携する業務委託先や第三者の事業者などに及びます。

2023年6月16日に「改正電気通信事業法（以下、改正電通法と言います）」の施行に伴い、インターネットでビジネスを展開する多くの事業者に対して、利用者の情報の外部送信に関する透明性の向上を義務化する「外部送信規律」が新たに施行されます。この規律は、利用者が外部送信の事実を正しく認識できるように「確認機会の付与」を事業者に義務付けるルールです（**図表1-1**）。

外部送信規律のポイントは、3つに集約できます（**図表1-2**）。

１点目は、インターネットでビジネスを行う多くの事業者が規律の対象となることです。今回の改正で最もインパクトが大きい点の一つです。電気通信事業法は、従来、通信会社やインターネットサービスプロバイダーなどを主な規制対象としてきましたが、同法の外部送信規律はこれまで通信の秘

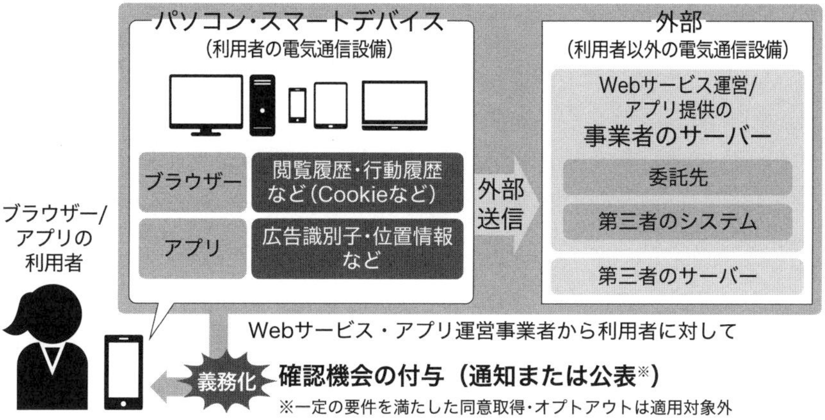

図表1-1　外部送信に関する確認機会の付与を義務化する

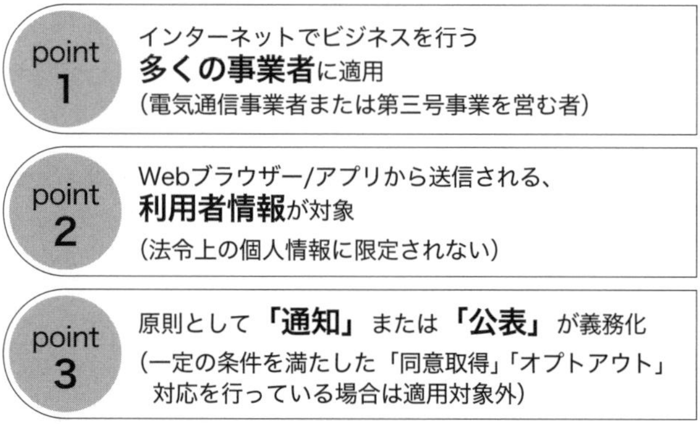

図表1-2　外部送信規律の３つのポイント

密の保護などの、限られた規律しか適用されていなかった事業者にも適用されます。「自社はこの法令の対象ではない」と認識していると、知らないうちに法令違反になっているかもしれません。運営しているサービスや、サービスに実装している機能・収益モデルなどによっては、規律の適用対象となる場合があるため、改めて確認する必要があります（詳細はChapter2参照）。

２点目は、Webサイトだけでなく、アプリから送信される、法令上の個人情報には該当しない情報が対象となることです。例えば、Webサイトの場合はCookieに記録された閲覧履歴、アプリの場合は位置情報やトラッキング（追跡）情報など、サービスの提供に必ずしも不可欠とは言えない情報の送信が対象となります。他方、Webサイトやアプリ上に情報を表示するためなど、サービスの提供に必要な情報や、事業者が利用者を識別するために送信させるIDなどの情報は、確認機会の付与が不要となっています。現状、個人情報保護法にのっとり「プライバシーポリシー」を通じて個人情報取得の同意を得ているケースや、海外法（EUのGDPRなど）への準拠や事業者による自発的な透明性向上を目的として、「Cookieポリシー」の開示や「同意取得バナー」を通じた対応を行っている事業者も、外部送信規律への要件は、必ずしもこれらを実施していればクリアできるものではないため、現状の対応で十分なのか、追加で対応が必要なことは何か、確認が必要です（詳細はChapter3、Chapter5参照）。

3点目は、Webブラウザーやアプリから送信される利用者情報に関して、**確認機会の付与が義務化**されていることです。確認機会の付与の方法は、原則として**「通知」**または**「利用者が容易に知り得る状態に置くこと（以下、「公表」と言います）」**となっています（**図表1-3**）。これらの実装要件については、利用者視点で気付きやすく、分かりやすい実装となって

図表1-3　確認機会の付与（イメージ）

いることが、従来の法令・ガイドラインよりも、より踏み込んだ形で具体化されています（詳細はChapter5参照）。なお、一定の要件を満たした「同意取得」または「オプトアウト」が代替策になるケースもあります（詳細はChapter6参照）。

1-2 具体的なリスク

外部送信規律への対応不備や違反が見つかった場合、即時罰則の対象となるのものではありませんが、社名が公表され、メディアで報道されたり、SNSで取り上げられたりすることで、レピュテーションリスクにつながる可能性も想定しておく必要があります。

なお、外部送信規律の施行により影響を受けるのは、Webサイト・アプリの提供事業者（1st Party）だけではありません。タグやSDK（ソフトウエア開発キット）などの情報収集モジュールを提供する企業や、広告配信や分析基盤を提供する企業など、3rd Partyの提供事業者にとっても大きな影響があ

図表1-4　外部送信に関する「具体的なリスク」

プレーヤー	例	具体的なリスク
1st Party （サービス提供事業者）	Webサイト アプリ運営事業者	法令違反 レピュテーションリスク 売上毀損 データ取得量（許諾率）低下
	業務委託企業 データコンサル 代理店	売上毀損
3rd Party （提携事業者）	DMP事業者 広告配信事業者 分析ツール事業者 SDK事業者	売上毀損 データ取得量（許諾率）低下 顧客離反

ります。

本節では著者の見立てとして、外部送信規律への適切な対応ができていない場合、ビジネスにどのような影響があるのかを「具体的なリスク」として説明します（**図表1-4**）。

リスク（1）法令違反

外部送信規律に違反した事業者は、行政処分の対象となることがあります。まずは報告及び検査への対応が求められ、違反している事実が確認された事業者に対しては、行政指導による改善が促されます。改善が見られない場合は、業務改善命令が発せられます。業務改善命令に従わない場合には200万円以下の罰金、虚偽報告や立入検査拒否などは30万円以下の罰金といった罰則が課せられるほか、氏名などを公表されることが想定されます（**図表1-5**）。

リスク（2）レピュテーションリスク

利用者が、知らないうちに知らないところへ、自分の端末からデータが送信されていることに対して「不安・気持ち悪い」という印象を持たれることが想定されます。さらに、外部

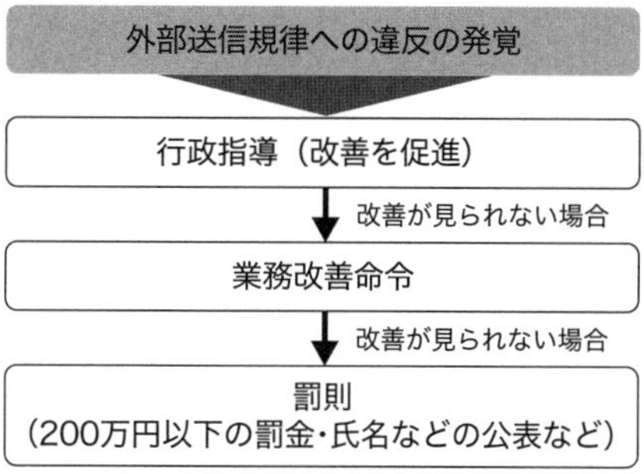

図表1-5　外部送信規律への違反は行政処分の対象

送信の事実がユーザーに十分に知らされていないことで、「企業が何か隠しているのではないか」「データに対して真摯に向き合っていないのではないか」といったレピュテーションリスクへ発展する可能性があります。

実際、過去にも、一部のユーザーがブログやSNSを通じて、企業による情報開示のあり方が不十分であることを問題提起したことをきっかけに、炎上が発生し、サービスの停止に追い込まれた事例も存在します。ブログ・SNSなどへの投稿をきっかけとした炎上が発生するリスクがあります。そうならないようにするための外部送信規律ですが、過去に起きた炎上事例はいずれも「法律に対応しているから問題ない」という姿勢が招いたとも言えます。

リスク（3）データ取得量（許諾率）低下

外部送信規律への対応方法（「通知」「公表」「同意取得」「オプトアウト」のいずれか）と、自社のサービスや利用者との親和性がマッチしていない場合、利用者のユーザビリティーの低下や、データの許諾率が低下し、取得できるデータ量が減少することが想定されます。

リスク（4）売上毀損

ユーザー体験向上や広告配信効果向上の目的で導入しているツールの利用が、法令違反やレピュテーションリスクを受けて停止せざるを得なくなった場合、従来の収益機会の逸失につながることが想定されます。

また、サービス提供事業者による外部送信先の見直しにより、3rd Partyへの送信先のリストラ（見直し）が進むことが想定されます。

広告配信やツール提供などを行う事業者は、事業者がユーザーに対して適切な情報開示を行うために必要な措置（プライバシーポリシーやオプトアウト）などを先回りして行うことが求められます。

リスク（5）顧客離反

ユーザーへ直接サービス提供を行う事業者（顧客企業）と連携する広告事業者・コンサルティング事業者にとっては、顧客企業に対して先回りすべき法令準拠対応が後手に回ったり、顧客企業が保有するデータ量が減少したりすることによって、中期的に介在価値の低下につながり、顧客離反を招く可能性があります。

1-3 理解するための用語解説

「外部送信規律」を正しく理解するには、いくつか聞き慣れない言葉の定義を理解しておく必要があります。少なくとも、以下の言葉の意味を知っておくことで、本書に限らず、総務省から出ているガイドラインやQ&A資料などを理解しやすくなると思います。

電気通信役務

電気通信役務とは「電気通信設備を用いて他人の通信を媒介し、その他電気通信設備を他人の通信の用に供すること」を言います（法2条3号）。端的に言えば、「オンラインサービスや通信サービス」のことです（参照：2-2）。

利用者の電気通信設備

利用者（一般の消費者）が、電気通信役務を利用するために使用している、パソコン、スマートフォン、タブレットなどのことです。なお、「電気通信設備」という言葉から通信事業者が保有する巨大な設備のようなものをイメージしてしまいますが、「利用者の電気通信設備」とは利用者が所有するパソコンやスマートフォン、タブレットなどの端末を指します。

利用者以外の者の電気通信設備

利用者が電気通信役務を利用する際に、**通信先となる事業者（Webサイトやアプリの運営事業者や提携事業者など）の電気通信設備（サーバーなど）**のこと。

外部送信（情報送信通信指令）

利用者に関する情報が記録された利用者の電気通信設備に対して、記録されている情報を利用者以外の電気通信設備に送信させる指令となるプログラムを送信することです。つまり、利用者のパソコンやスマートフォンなどの端末に記録されている利用者の情報を、端末の「外部」に「送信」することです。

「外部」にはサービスの運営事業者や運営事業者の業務委託先や提携先の第三者が含まれます。事業者の観点から「外部」という言葉を捉えると、運営事業者の「外部（第三者）」というイメージを持ってしまいがちですが、あくまで「利用者の端末の外部」を意味しているので、運営事業者以外の第三者だけでなく、運営事業者自身も含まれる点に注意が必要です（**図表1-6**）。

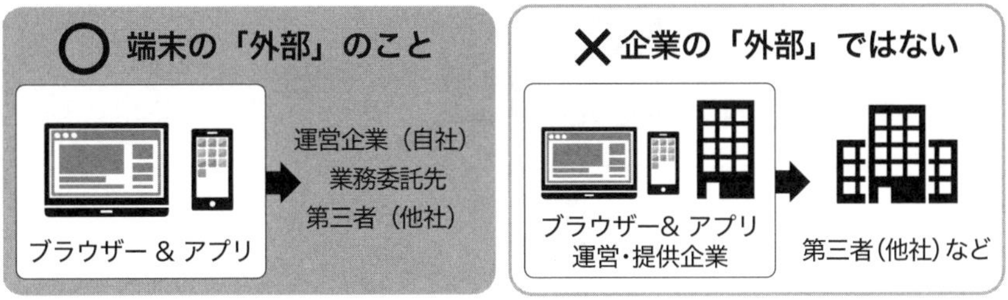

図表1-6　「外部」の指す意味

また、外部送信を行うプログラムは、事業者がWebサイトにタグやアプリに情報収集モジュールをあらかじめ組み込むことによって起動されます。Webサイトの場合は、HTML、CSS、JavaScriptなどの言語でソースコードに記述されます。アプリの場合は、一般的にSDK（ソフトウエア開発キット）などで提供される情報収集モジュールが活用されます。

利用者に関する情報

利用者の端末に記録されている利用者に関する情報全般を指し、端末に保存されたIDなどの識別子、閲覧したWebサイトURLなど利用者の行動に関する情報、スマートデバイスの現在地の情報を示す位置情報や、端末を識別する広告識別子など、利用者の端末に記録されている情報が幅広く含まれます（**図表1-7**）。

外部送信規律は、利用者の端末から外部に情報送信するように指令するプログラムなどを利用者の端末に送信する行為全般を規制します。いわゆるCookie規制ではないため、デバイスフィンガープリンティングによる端末の推定などの、Cookie以外の手法を用いた場合も規律の対象となります。

図表1-7　利用者に関する情報

Cookieや広告識別子など、単体では個人情報に該当しない情報を個人データ化する（個人情報と関連付けを行う）場合など、法令上の個人情報を取得しているケースには、個人情報保護法で課せられる要件への対応も併せて必要となります。

Chapter

2 外部送信規律の対象事業者

2-1 判定フローチャート

　外部送信規律はどのような事業者に適用されるのでしょうか。まず、Webサイトやアプリを通じてサービスを提供するほとんどの事業者が対象となり得る可能性が高いと考えておきましょう。また、外部送信規律の適用対象は、企業単位ではなく、事業（サービス）単位での判断が必要となります。自社の主要事業が電気通信事業には該当していないからといって、他の事業が外部送信規律の対象に該当しない、ということにはなりません。

　そのため、自社が運営する事業ごとに、外部送信規律の適用対象有無を判定する必要があります。

　ここでは、自社のサービス（Webサイトやアプリ）が対象となるか否か、**図表2-1**のフローチャートを使いながらチェックしてみましょう。

　外部送信規律の適用対象は、条文では、以下のように規定されています。

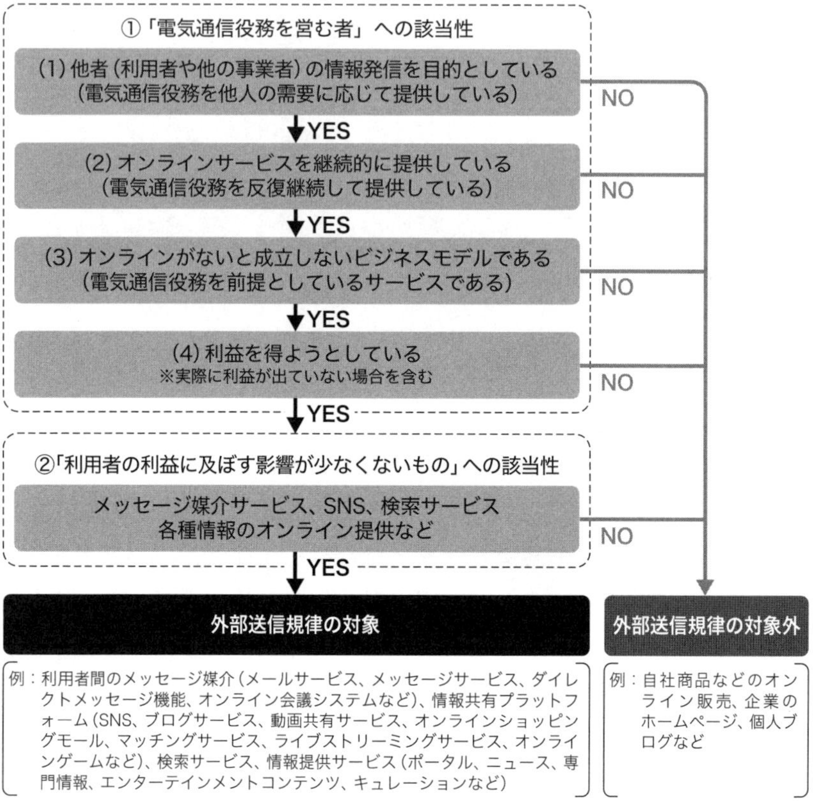

図表2-1　外部送信規律の対象判定フローチャート

> ①電気通信事業者又は第三号事業を営む者（内容、利用者の範囲及び利用状況を勘案して②利用者の利益に及ぼす影響が少なくないものとして総務省令で定める電気通信役務を提供する者に限る。）は……当該利用者に通知し、又は当該利用者が容易に知り得る状態に置かなければならない。　（電気通信事業法27条の12柱書）

この条文では、外部送信規律の対象となる条件は、「①電気通信事業を営む者（電気通信事業者または第三号事業）」「②利用者の利益に及ぼす影響が少なくないもの」の2つを両方満たす場合と記されています。それぞれについて、詳しく説明していきましょう。

2-2 詳説：適用対象・適用対象外

①電気通信事業を営む者

「電気通信事業を営む者（電気通信事業者または第三号事業）」への該当は、以下の4つの条件をすべて満たす場合です（これらの条件は要点を絞っているため、正確に確認するには、総務省のWebサイトに公開されている「電気通信事業参入マニュアル［追補版］」を確認してください）。

(1) 電気通信役務を他人の需要に応じて提供している

「電気通信役務を他人の需要に応じて提供している」とは、自社（自己）以外の利用者や事業者（他人）が利用するためにオンラインサービスを提供していることを意味します。例えば、利用者同士、他の事業者と利用者、他の事業者間など、自社（自己）以外の通話やメール送受信を可能にするサービスは「他人の需要に応じて提供している」ものに該当します。

他方、「電気通信役務を自己の需要のために提供している」とは、Webサービスの運営者自身の情報発信や、商品の販売を目的としていることを意味します。例えば、企業・個人・自治会などのWebサイト運営、個人ブログなどが該当します。これらはあくまで、自社（自己）の情報発信が目的で、「自己の需要のため」のサービス提供と見なされます。

また、証券会社が提供するオンライントレードサービスで、株式取引とは独立した金融関連のニュースを発信するケースで考えてみましょう。証券会社による株式取引や、取引に必要な企業情報の提供は、「電気通信役務を自己の需要のために提供している」に該当します。

一方、この証券会社が、株取引の仲介業務とは独立して、運用のコツや狙い目の銘柄などを紹介している場合、「電気通信役務を他者の需要（情報発信）に応じて提供している」に該当する可能性が出てきます。

(2) 電気通信役務（オンラインサービス）を反復継続して提供している

電気通信役務を継続的に提供しているとは、簡単に言えばブラウザーやアプリケーションを通じてオンラインサービスを継続的に（緊急・臨時的ではなく）提供していることです。例えば、ニュースや気象情報などの配信、動画配信サービス、オンライン地図サービスなど、オンライン上で提供されるほぼすべてのサービスが該当します。

より詳しく説明すると、「電気通信役務に該当する」ケースに以下の２つがあります。

1つ目は、「電気通信を用いて他人の通信を媒介する」ケースです。「他人の依頼を受けて、情報をその内容を変更することなく、伝送・交換し隔地者間の通信を取次、又は仲介することを電気通信設備を用いて行う」と定義されています。

例えば、フリマアプリやマッチングサイトでの利用者間のメッセージ機能が該当します。電気通信役務の提供者（フリマアプリやマッチングサイトの運営者＝自己）は利用者（＝他人）が他の利用者とやり取りしたいという要望（＝依頼）を受け、ダイレクトメッセージ機能を通じてコミュニケーションを可能にする（＝情報をその内容を変更することなく、伝送・交換し隔地者間の通信を取次、又は仲介する）ことをサーバー（＝電気通信設備）を用いて可能にする場合が、これに当たります。

2つ目は「電気通信設備を他人の通信の用に供する」ケースです。「他人」とはサービス運営者（＝自己）以外の利用者や事業者を意味します。「他人の通信の用に供する」とは運営者（＝自己）自身のためだけではなく、他人同士や自己と他人間の通信のために利用することを意味します。他方、自己の通信に供するとは、通信が自己で完結していることを意味しており、これに該当しません。

例えば、企業内LANや内線電話など社内システムを自社で運営していることなどが挙げられます。

また、「継続的に提供（反復した電気通信役務の提供）」とは、一定の目的が存在するうえで、同種の電気通信役務の提供を反復継続して遂行していることを意味します。非常事態時に緊急、臨時的に提供するもの、一時的に提供するもの、提供者が利用者の法的権利に応えて提供するものは、「反復継続」したとは言えません。

(3) 電気通信役務を前提としているサービスである

「電気通信役務を前提としたサービス」とは、そもそもオンラインがなければそのビジネスモデル自体が成立し得ないサービスであることを意味します。例えば、オンライン上に複数の店舗が出店することを前提としているECモールや、オンライン上で個人と個人がメッセージの発信・受信を行うSNSなどが該当します。これらのサービスは、そもそもインターネットがなければ、リアルでは情報をやり取りできないビジネスモデル（ビジネスの仕組み）であるためです。

他方、「電気通信役務を前提としないサービス」とは、必ずしもオンラインがなくてもそのビジネスが成立し得るサービスであることを意味します。例えば、金融業者による証券・金融商品の販売や、新聞購読の受け付けなどが該当します。また、小売事業者によるモノ・商品のオンライン販売、メーカーによる製造した商品のオンライン販売サービスなどが該当します。

これらのサービスは、あくまで商品を製造・販売することを目的としており、必ずしもインターネットがなくても、売買や契約が可能なビジネスモデルであるためです。

(4) 利益を得ようとしている

「利益を得ようとしている」とは、電気通信役務の提供によって利益を得ようとしていることを意味します。この場合、実際に利益が出ているかどうかは関係なく、事業内容や目的から鑑みて、利益を得ようと推察されると「利益を得ようとしている」と判断されます。Webサービスをビジネスとして展開している企業は当然、該当します。

また、個人事業主であったとしても、利益を上げる目的で、広告やアフィリエイトプログラムを利用した各種情報提供サイトを運営している場合は該当します。

②利用者の利益に及ぼす影響が少なくない電気通信役務

「利用者の利益に及ぼす影響が少なくない」とは、サービスの類型によって規定されています。具体的には、**図表2-2**の類型１～類型４のいずれかの電気通信役務のうち、Webブラウザーやアプリを通じて提供されているものが該当します。影響の多寡は、利用者数やアクセス数、売り上げ規模などで判断されるものではありません。

類型１には通信インフラ（NTTやKDDIなどの固定電話や携帯電話の通信キャリア、NTTコミュニケーションズなどのインターネットのプロバイダーなど）のほか、Gmailなどのメールサービスやダイレクトメール、チャット機能サービス、参加者を限定したWeb会議サービスなどが該当します。ファイル送信サービスなども、このカテゴリーに入ります。

類型２には、インターネット上で利用者同士をつなぐ、あらゆる「場」を提供するサービスが含まれます。Twitterな

類型１　利用者間のメッセージ（通信）を媒介するサービス
例）メールサービス、メッセージサービス、ダイレクトメッセージ機能、オンライン会議システム など

類型２　利用者が入力した情報を不特定の利用者が閲覧（受信）できるサービス
例）SNS、動画共有サービス、ブログサービス、オンラインショッピングモール、マッチングサービス、ライブストリーミングサービス、オンラインゲーム など

類型３　利用者が入力したキーワードに対しインターネット上に公開されているすべてのWebページの情報を検索して表示するサービス
例）オンライン検索サービス

類型4　不特定の利用者に各種情報をインターネット経由で提供するサービス
例）ポータル、ニュース、専門情報、エンターテインメントコンテンツ、キュレーション など

（電気通信事業法施行規則22条の2の29）

図表2-2　利用者の利益に及ぼす影響が少ないものの類型

どのSNSや各種掲示板、出品者と購入者をつなぐオンラインショッピングモールやフリマアプリなどのマッチングプラットフォーム、ライブストリーミングサービスなどが、代表例です。

類型３には、GoogleやYahoo!などの検索エンジン、あるいは検索サイトと呼ばれるものが当てはまります。

類型４には、例えばニュースや天気予報、動画などの配信、地図情報の提供、Webマガジンなどの、不特定多数の人に情報を提供するサービスが該当します。

なお、SNSや各種情報サービスのうち、利用者がログインしなければ利用できないサービスであっても、登録や料金を支払うなどすれば、誰でも利用できる場合は「不特定の利用者」に提供するサービスに該当し、規律の対象となります。外部送信規律の対象を視覚化すると**図表2-3**のようになります。

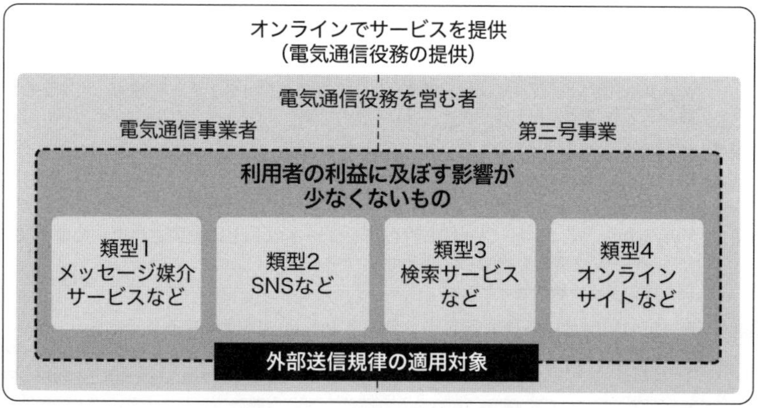

図表2-3　外部送信規律の対象

③適用対象外となるサービス

ここで改めて、適用対象外となるサービスとして、以下のものが挙げられます。

- メーカーや小売店などの製造・販売業者が直接販売を行うオンラインショッピングサービス。
- 銀行のインターネットバンキングなど金融機関のオンラインサービス。
- 企業が開設・運営する自社の広報や商品・サービスを宣伝するためのWebサイトやアプリ。
- 個人が開設する自らの知識や体験を発信するWebサイト※。

※　広告やアフィリエイトプログラムを利用して、収入を得ることを目的にWebサイトなどを自ら開設している場合は規律の対象になると考えられます。他方、情報発信のためのWebサイトなどを運営する費用を賄うために、少数の広告を掲載して収入を得ている程度である場合においては対象外となります。

上記のほか、例えばリターゲティング広告のためのタグを設置して外部の広告配信サービスに情報を送信していても、広告主企業が自社の広報や商品・サービスを宣伝するためや、メーカーや小売店などが商品などを直接販売するために開設しているWebサイトやアプリなど、電気通信事業に該当しないサービスの場合は、規律の対象外です。

また、電気通信事業に該当する電気通信サービスであっても、ブラウザーやアプリケーションを通じて提供されていないもの、利用者の利益に及ぼす影響が少なくないものとして総務省令で定められていないものも、外部送信規律の適用対象外です。具体例として、以下のものが挙げられます。

●電話、インターネット接続サービスなどの、通信インフラそのもの。
●メールマガジン、ニュースメールのように、特定の利用者がメールソフト上で閲覧するもの。
●サーバー貸与、法人向けのクラウドサービスなどで、システムとして提供されるもの。

2-3 ケーススタディー：あのサービスは対象なのか？

ここまで、外部送信規律の適用対象について説明してきました。ここからは、対象となるサービスをより理解しやすいよう、具体例に挙げて解説していきます。

(1) フリマアプリ

フリマアプリとは、フリーマーケットのように、オンライン上で、主に個人間（CtoC）での物品の売買が行えるサービスです。事業者が提供するフリマアプリ上で、出品者は物品に関する情報を不特定多数の個人に発信し、出品者と購入希望者間でダイレクトメッセージをやり取りすることで、売買が成立します（**図表2-4**）。

「利用者の利益に及ぼす影響が少なくないもの」への該当性においては、以下が考えられます。

●出品商品やレビューなどは誰もが閲覧できるため、不特定多数の人に情報を提供している（類型２）。

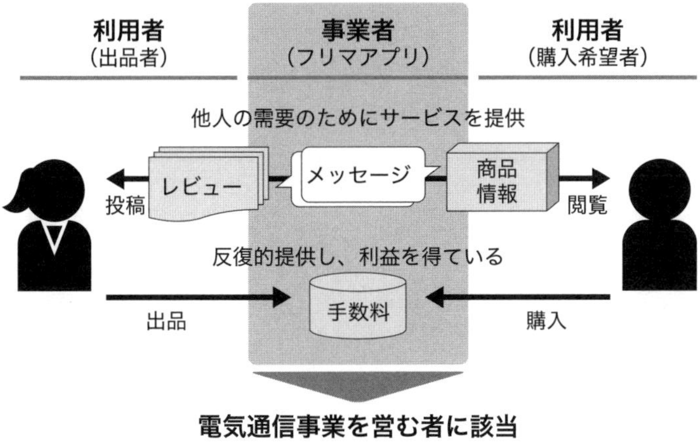

図表2-4　典型的なフリマアプリ

- ダイレクトメッセージを送信できる機能が装備されていて、他人の通信を媒介している（類型１）。

(2) オンラインゲーム

オンラインゲームとは、オンラインを利用したコンピューターゲームの総称です。プレーヤーはオンラインを介して、別のプレーヤーとゲームを楽しむことができるものもあります。また、ゲームは無料で利用できるものもありますが、有料コンテンツを通じて利用料を徴収するほか、企業からの広告などを掲載し、広告料を得るなどして運営されています（**図表2-5**）。

「利用者の利益に及ぼす影響が少なくないもの」への該当性においては、以下が考えられます。

- 不特定多数のプレーヤー同士をつなぐ場を提供している（類型２）。

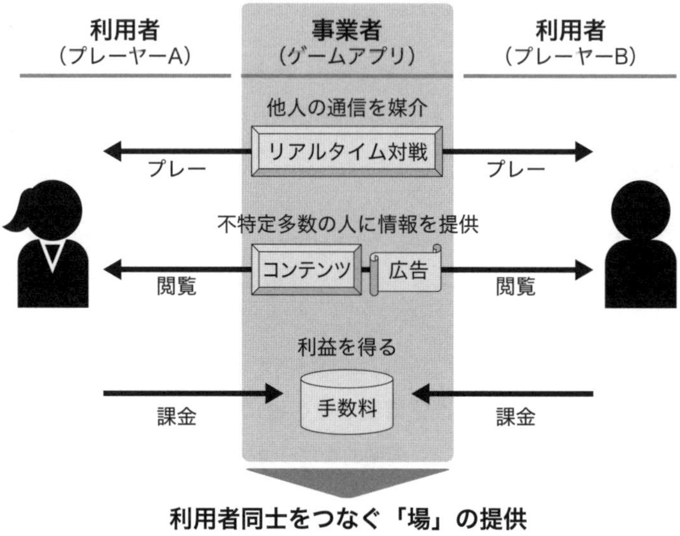

図表2-5　典型的なオンラインゲーム

●ダイレクトメッセージを送信できる機能が装備されていて、他人の通信を媒介している（類型1）。

(3) 転職サイト

転職サイトは、オンライン上で人材を募集する企業と求職者をマッチングするサービスです。事業者は企業から提供を受けた情報を求職者に向けて発信し、企業と求職者間で、履歴書や職務経歴書や、選考日程の調整などのやり取りを媒介する機能を備えています（**図表2-6**）。

「利用者の利益に及ぼす影響が少なくないもの」への該当性においては、以下が考えられます。

●ダイレクトメッセージを送信できる機能が装備されていて、

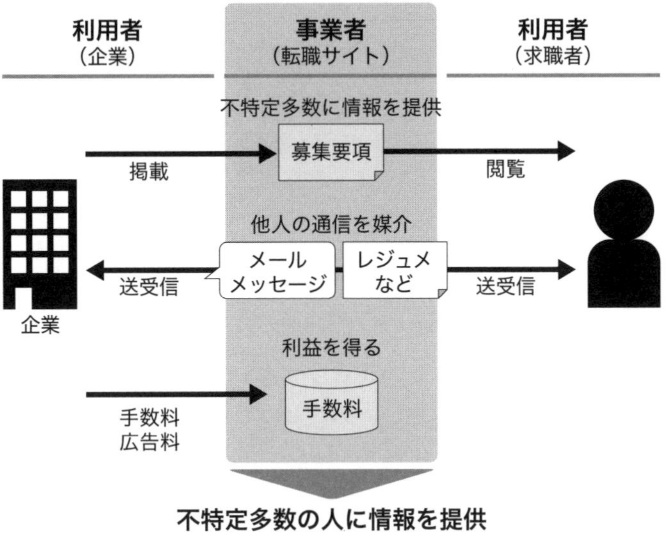

図表2-6　典型的な転職サイト

他人の通信を媒介している（類型１）。
- 企業と求職者をつなぐ場を提供している（類型２）。
- 企業情報が不特定多数に提供されている（類型４）。

Q. なぜ、オンラインショッピングモールは「対象」で、自社通販（EC）サイトは「対象外」となるのか？

外部送信規律の対象となる、電気通信事業や第三号事業を「営む」ということは、他人の需要に応ずるために、電気通信役務（サービス）を反復的に提供し、そのことによる利益を得ようとしている状態を示します。

オンラインショッピングモールの運営は、「場」を提供するサービスであり、モールに参画する事業者（他人）の、モールに集まる利用者への販売を行いたいという要望（需要）に応えるために、モール事業（電気通信役務）を継続して（反復的に）提供し、利益を得るビジネスです。そのため「電気通信事業」に該当します（オンラインショッピングモールの「複数の店舗」がグループ企業など限定的なものであっても同様です）。

他方、自社の製品やサービスを紹介するための企業のWebサイトや、自社製品のみを販売するための自社通販（EC）サイトは、他人の需要のために運営されているものではありません。自己の需要のために情報発信し、自社ビジネスを補完しているにすぎません（インターネットバンキングを含むオンラインの証券・金融商品サイトなども同様です）。

ホームページ上で自社製の洋服に限定して売っているWebサイトであれば、その企業のビジネスの主体（業務遂行の目的）はあくまで自社の洋服を売ることであり、他社の商品を利用者に販売する通販サイトの運営ではないと見なされます。

参考 電気通信事業を営む者の分類

電気通信事業を営む者は、「電気通信事業者」と、「第三号事業を営む者」に分類されます（**図表2-7**）。

具体的には、「電気通信事業者」とは、固定・携帯電話、インターネット接続サービス、利用者間のメッセージ媒介サービス・Web会議システムなどのサービスが該当します。これらは「登録・届け出が必要」で、2023年3月時点で「登録」334社、「届け出」2万3,793社、合計2万4,127社が対象となってい

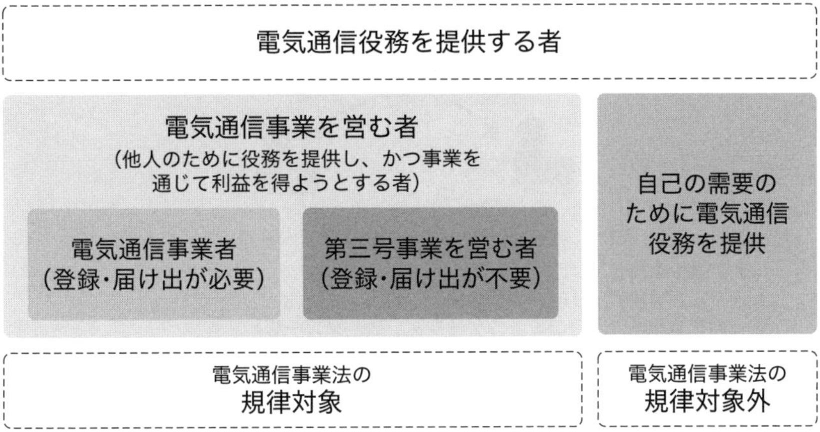

図表2-7　電気通信事業法の対象

ます（**図表2-8**）。

他方、「第三号事業を営む者」とは、SNS、オンライン検索サービス、オンラインショッピングモール・オークションモール、各種情報のオンライン提供サービスなどが該当します（**図表2-9**）。ただし、SNSサービスで「ダイレクトメッセージ機能（メッセージ媒介サービス）」を実装している場合や、SNSサービスやオンライン検索サービスにおいて、前年度の月間アクティブ利用者数の平均が1,000万人以上である場合は「①電気通信事業者（届け出が必要）」に該当します。

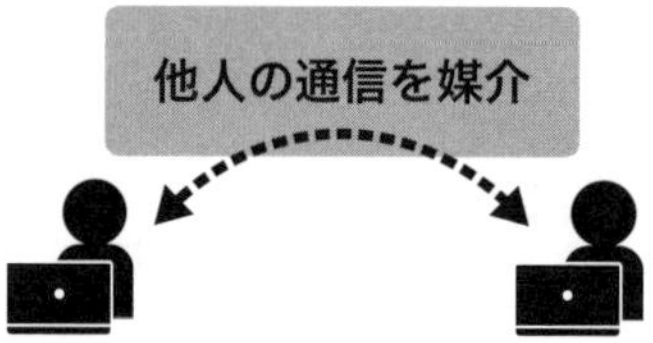

「登録」が必要な事業者（一定規模を超える電気通信回線設備を設置する場合）

1. 固定通信事業者（NTTなど）
2. 携帯電話事業者（NTTドコモ、au、ソフトバンクなど）
3. 光回線事業者（NTTコミュニケーションズ、ソニーなど）
4. 衛星通信事業者など

「届け出」が必要な事業者（一定規模を超えない電気通信設備を設置する/設置しない場合）

1. インターネットサービスプロバイダー
2. MVNO事業者
3. 電子メール事業者
4. 同一市区町村内のCATVアクセスサービス事業者など

電気通信事業法第164条第1項第1号（専ら一の者への提供）、第2号（同一構内の設備で提供）及び第3号に規定する電気通信事業は登録・届け出の適用が除外。

図表2-8　外部送信規律の対象となる「①電気通信事業者」

・SNS
・オンライン検索サービス
・オンラインショッピングモール・オークションモール
・各種情報のオンライン提供

（電気通信事業法第164条第1項第3号（電気通信回線設備を設置せずに、他人の通信を媒介しないサービスを提供）に規定する電気通信事業）

図表2-9　外部送信規律の対象となる「②第三号事業」

Chapter 3

外部送信規律の対象となる通信及び情報

3-1 対象となる通信

外部送信規律の対象となる通信とはどのようなものでしょうか。対象を理解するに当たって、そもそもWebブラウザーやアプリにおける、外部送信がどのようなメカニズムなのかを理解しておきましょう。

「外部送信」は、利用者の端末から外部に情報送信を指示するプログラムを、外部送信規律の対象となる事業者がWebサイトやアプリに実装することによって行われます。

例えば、Webサイトの場合、利用者がWebサイトを閲覧する際、Webサイトを表示するための情報と同時に、情報送信指令プログラムが、Webサイト運営者のサーバーから利用者に送信されます。この情報送信指令を受けて、利用者の端末の外部に情報が送信（外部送信）されます。送信される情報には、Webサイトの閲覧履歴やシステム仕様、ログなどの情報が含まれます。Cookieという仕組みを利用することが一般的ですが、デバイスフィンガープリンティングによる端末の推定などの、Cookie以外の手法を用いることもあります（**図表3-1**）。

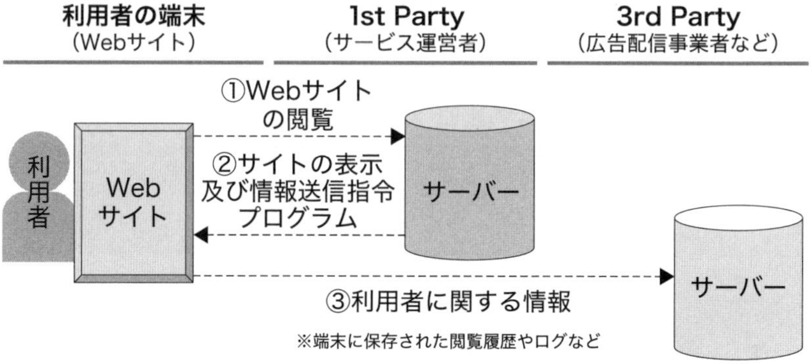

図表3-1　外部送信規律の対象となる通信（Webサイトの場合）

また、アプリの場合、利用者がアプリをダウンロード後に起動すると、アプリ内に実装された情報収集モジュールによる情報送信指令を受けて、利用者の端末の外部に情報が送信（外部送信）されます。送信される情報には、Webサイトの場合と同様、閲覧履歴やシステム仕様、ログなどの情報に加え、広告識別子や位置情報などが含まれます（**図表3-2**）。アプリの情報収集モジュールはSDK（ソフトウエア開発キット）などで提供されることが多いです。

これらのプログラムの設定は、外部送信規律の対象となる事業者自身に限らず、事業者が利用しているWebサイトやアプリの開発サービスの制作者や、事業者の委託を受けて広告配信などを行う提携事業者が行う場合もあります。また、一度設定すると、その後Webページの増加や、アプリのアップデート時に意図的に削除しない限り、プログラムが残り続けます。そのため、これらが、事業者が自社サービスにおける外部送信を調査する際、担当部門へのヒアリングやソースコードの確認だけでは全容把握の難度が高い要因となっています。

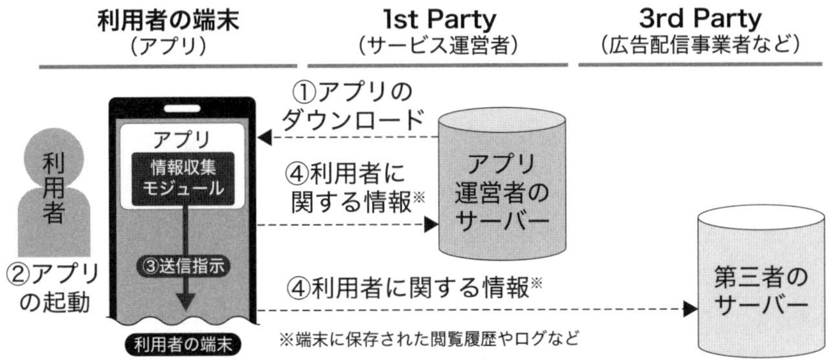

図表3-2　外部送信規律の対象となる通信（アプリの場合）

また、情報送信プログラムに基づいて、利用者の端末から外部送信された情報は、Webサイトやアプリを運営する会社（1st Party）または、第三者（3rd Party）のサーバーに蓄積されます。このとき、一つの情報送信指令に基づき、複数の送信先のサーバーに外部送信が行われているケースもあります。

そのため、実際にどのような外部送信が行われているか、Webサイトやアプリの通信状況を客観的かつ網羅的に検知することを通じて、実態を正確に把握することが必要となってきます（詳細は5-4を参照）。

3-2 外部送信規律の対象情報、適用除外・対象外の情報

原則として、Webサイトやアプリを運営する事業者（1st Party）と、その事業者が連携している事業者（3rd Party）に外部送信を行っているものが、外部送信規律の対象となり、

1st Partyは利用者に対して「確認機会の付与（通知又は公表）」の対応をしなければなりません。

ただし、例外として、外部送信規律の「適用除外」、または、「対象外」となるものについては、必ずしも、確認機会の付与を行う必要はありません。

ここでは具体的に、それぞれのケースを説明します（**図表3-3**）。

なお、適用除外や規律の対象外であっても、法令が意図する、利用者への透明性向上の目的を踏まえると、利用者にとって、

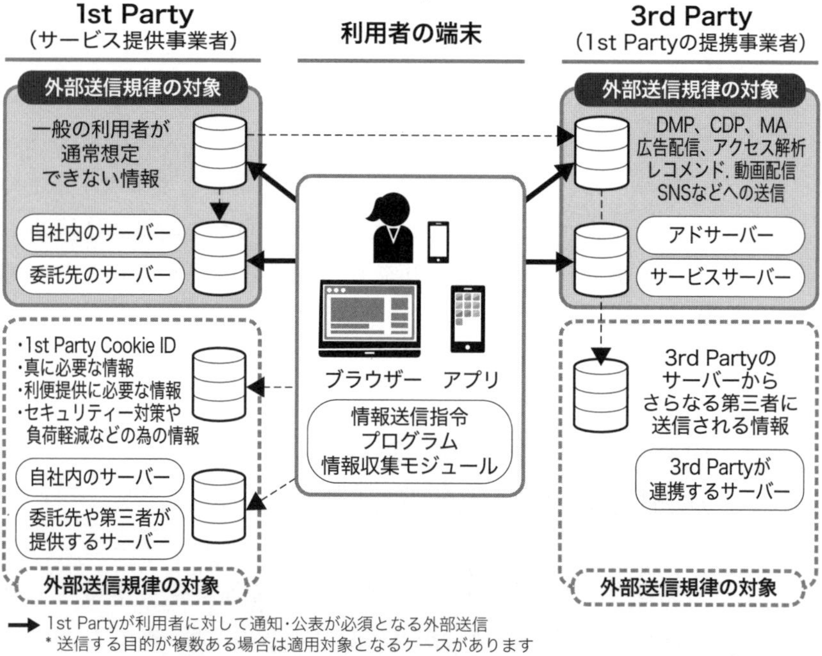

図表3-3　外部送信規律の対象と適用除外・対象外

利用者に関する情報の送信や取り扱いが認識・想定しづらい場合は、確認機会の付与を行うことが望まれることは言うまでもありません。記載が必要かどうか迷う場合は、積極的に記載を行うというスタンスを取ることが推奨されます。

3-2-1 確認機会の付与が必要な情報(外部送信規律の対象)

(1) 1st Partyに送信される情報

Webサービスやアプリ運営事業者などの1st Partyが自社のサーバー(委託先や3rd Partyが提供するサーバーを含む)に外部送信する情報の多くは、その「サービスを提供するに当たって必要不可欠なもの」であり、「真に必要な情報」に該当するため、外部送信規律の適用除外に該当すると考えられます。

他方、利用者がサービスを利用するに当たって、必ずしも必要がなく、一般の利用者から見て送信することが想定できない情報や、通常想定できない利用目的で送信される情報については、外部送信規律の対象になると考えられます。

例えば、レシピアプリの利用に伴い位置情報が送信されているなど、利用しているサービスと直接関係することが想定しにくい用途で情報が送信される場合や、1st Partyへ送信された情報が、他のサービスや3rd Partyで取得された情報と関連付けられる場合、またデータが3rd Partyの企業へ連携・販売されている場合などが挙げられます。

なお、1st Partyの委託先についても、利用者の端末から直接外部送信を行っている場合は、外部送信規律の対象となります（個人情報保護法においては、委託先への提供は、第三者提供先には当たらないというルールになっています。この法令に照らし合わせると「委託先は自社の範囲内である」と認識してしまいがちですが、外部送信規律においては、あくまで、利用者の端末を起点に考えるため、委託先であっても、送信先を明確にすることが求められています）。

(2) 3rd Partyに送信される情報

3rd Partyに送信される情報については、一般の利用者から見て、外部送信されることや利用目的が想定できない情報や、必要不可欠とまでは言えない情報が含まれることが多いと考えられます。

例えば、第三者の広告プラットフォームを利用した広告枠の販売や、広告の配信・計測への利用、DMP（Data Management Platform）やCDP（Customer Data Platform）、MA（Marketing Automation）、CRM（Customer Relation Management）などのツールを利用したマーケティングへの活用、ユーザーの行動や体験を可視化・分析・向上するためのアクセス解析への活用、動画やSNSなどの第三者が提供するコンテンツ配信サービスや、レコメンデーションエンジンへの活用などを目的にした外部送信を行う場合は、確認機会の付与が必要となります（**図表3-4**）。

また、セキュリティーツールベンダーが提供するツールなど、主目的においては適用除外になるツールであっても、付加機能として、コンテンツの閲覧状況の分析や広告配信の成

図表3-4　外部送信規律の適用対象となる情報例

送信目的	情報内容（例：代表的なツール提供事業者）
広告配信	第三者の広告配信、利用者の閲覧履歴や購買などに応じてパーソナライズした広告を配信するための情報 （例：Google広告、Yahoo!広告、LINE広告など）
マーケティング	DMP、CDP、MA、CRMなどの第三者のツールの利用に伴う情報 （例：TreasureDATA、Rtoaster、KARTE、B→dash、Adobe Audience Manager、SATORI、Sales Force、HubSpot、SanSanなど）
アクセス解析	Webサイトへのアクセス状況などを解析するための情報 （例：Google Analytics、Adobe Analyticsなど）
コンテンツ配信サービス レコメンデーションサービス	動画・SNSなどのニュースや天気情報・株価情報などのコンテンツ配信サービス （例：YouTube、Instagram、TikTokなど）

果測定など、セキュリティー対策とはいえない目的で情報を送信している場合は、適用除外にはならず、確認機会の付与が必要となります。

3-2-2 確認機会の付与が不要な情報（適用除外・規律の対象外）

(1) 適用除外

適用除外として明確にガイドラインで示されているものには、「サービスの提供に当たって必要不可欠な情報」と「利用者を識別するID（いわゆる1st Party Cookieに保存されたID）」があります。適用除外に該当する外部送信プログラムについては、確認機会の付与を提供する必要はありません（**図表3-5**）。

■サービスの提供に当たって必要不可欠な情報

1st Partyが利用者に提供するサービスに設置された外部送信プログラムによって送信する情報について、次のものは規律の適用除外となります。

図表3-5　外部送信規律の適用除外となる情報例

項目	概要
①利用者の端末に適正に表示するために「真に必要な情報」	端末のOSの種類・バージョン、画面の解像度などの設定、言語、ブラウザーの種類・バージョンなどの情報や3rd Partyが提供するWebフォントサービス、動画配信システムなどを使って利用者の端末に表示するための情報 ※ 表示先の3rd Partyが表示以外の目的で送信した情報を利用する場合は、必要な範囲を超えた利用になるため、適用除外にはならない
②利用者が自ら入力・操作した情報	Webサイトを再び訪れた際に再表示を行うために必要な情報。例えば、ショッピングモールの買い物かごに入れた情報、支払い画面に遷移した際に引き継いだ情報、お気に入りに登録した情報など
③認証に関する情報の再表示	利用者の認証に関する情報を画面に再表示するために送信する情報
④セキュリティー・不正防止対策	不正アクセスの検知やサイバー攻撃などによって事業者や利用者に被害が出ることを防ぐ、あるいは被害を最小限にとどめるために必要な利用者の端末情報や操作・行動の情報
⑤サーバーの負荷分散などのため	利用者のアクセスが一時的に集中するオンラインゲームなど、特定のサーバーにかかる過剰な負荷を分散するなど、そのサービスの安定的な提供を維持するために必要な情報

（電気通信事業法施行規則22条の2の30）

①当該対象サービスで利用者の端末の画面上にテキストや画像、映像などを適正に表示するために必要な情報など、サービスの提供のために真に必要な情報。

②利用者が当該対象サービスを利用する際に入力した情報を端末の画面上に再表示（保持）することで、利用者に利便を提供するために必要な情報。

③利用者が当該対象サービスを利用する際に入力した認証に関する情報を端末の画面上に再表示（保持）することで、利用者に利便を提供するために必要な情報。

④当該対象サービスに対する不正行為の検知や生じた被害の軽減など、セキュリティー対策のために必要な情報。

⑤当該対象サービスの提供にあたってサーバーの負荷を軽減するなど、適切な運用のために必要な情報。

①の、利用者の端末に適正に表示するために真に必要な情報とは、例えば、利用者の端末のOSの種類やバージョン、画

面の解像度などの設定、言語、ブラウザーの種類などの情報が該当します。事業者にとっては、利用者の端末がパソコンであるのか、スマートフォンであるのかを識別したうえで、それぞれの端末に最適な表示を行うために必要な情報と言えます。

②や③の、利用者に利便を提供するために必要な情報とは、例えばオンラインショッピングモールで利用者が自ら入力・操作することによって、買い物かごに入れた商品を一定時間保存したり、支払い画面に遷移した際に、ログインフォームへの入力やログイン認証などを引き継ぐための情報です。このような情報がなければ、利用者の利便を著しく損ねるものとなってしまうため、必要不可欠な情報と言えます。

④の、セキュリティー・不正防止対策のために必要な情報とは、サービスに対する不正行為の検知や、生じた被害の軽減などの、セキュリティー対策のために必要な情報です。これらの情報は、当然、インターネットを安全に利用するために必要不可欠と言えます。3rd Partyのセキュリティーツールベンダーへの情報の送信を含めて、外部送信規律の適用除外となります。

⑤の、サーバーの負荷分散などのための情報とは、利用者のアクセスが集中した場合にサーバーへの負荷を軽減する措置を取るなど、適切な運用のために必要な情報です。これらの情報も、サービスを安定的に提供するために必要不可欠な情報と考えられます。

■利用者を識別するIDなど

利用者を識別するため、事業者が独自に発行する1st Party Cookieに、IDなどを記録することがあります。こうしたIDなどは、IDやパスワードの入力を省略するためなどの限定的な用途で用いられること、また事業者自身が生成したものを回収しているにすぎないと考えられるため、利用者の判断を求める必要が低く、適用除外の情報となります。

ただし、1st Party Cookieに保存されたIDを利用して、利用者の端末から3rd Partyに情報を送信する場合は、利用者の希望するサービスの提供に当たり必要不可欠な情報でない限り、利用者に確認機会の付与を行わなければなりません。

なお、アプリにおいては、GoogleやAppleといったOS事業者が、開発や広告のために用意している端末識別IDや、事業者間で共通のIDとして用いられる広告識別子などが存在します。

これはブラウザーのCookieのように、発行した事業者だけがブラウザーを識別することができる仕組みとは異なるため、「真に必要な情報」に該当しない限りは適用除外にはならないと考えられます。

■その他の適用除外

上記のほか、一般的な利用者にとって想定可能で、判断を経る必要性が低いと考えられる情報は、確認機会の付与が不要（適用除外）とされています。

例えば、ゲームやエンターテインメントコンテンツで、利用者がWebサイトやアプリ上で行った操作やアクションに応じた反応を返すなど、そのインタラクションに必要不可欠な情報の送信は、適用除外となると考えられます。また、利用者が能動的に、サービスのカスタマイズやパーソナライズの設定変更や停止（広告でのデータ利用のオプトアウトなど）を行った場合も、ユーザーの意思をサービスに反映させるために必要な情報の送信となり、適用除外となると考えられます。

(2) 規律の対象外

1st Partyや3rd Partyなどの外部送信先への送信後、送信先の事業者のサーバーから、さらに別の事業者のサーバーに情報が送信されるケースについては、「利用者の端末」から送信された情報には該当しないため、外部送信規律の対象外となります。

Chapter 4

外部送信される主なデータの種類

Chapter3では、外部送信規律の対象となる通信及び情報について説明しました。本Chapterでは、Chapter3で説明した「対象となる情報」を詳しく見ていきます。外部送信先の送信情報の具体的な記載例についてはChapter5-5-1（1）の「①送信情報」で説明しています。対応を急いでいる方は、このChapterは読み飛ばしていただいて構いません。ここでは、送信されるデータの種類（仕組み）の中でも代表的なCookie、広告識別子、位置情報、その他の利用者情報について説明します。

4-1 Cookie（クッキー）

（1）Cookieの概要と種類

Cookieとは、Webサイトとブラウザー間で情報をやり取りする際に使用される、小さなテキストファイルのことです。発行者が設定した有効期限が切れるまで、利用者のブラウザーに保存されます。

Cookieは、利用者ごとに配布される「引換券」のようなイメージです。利用者が初めてオンラインストアにアクセスした際、

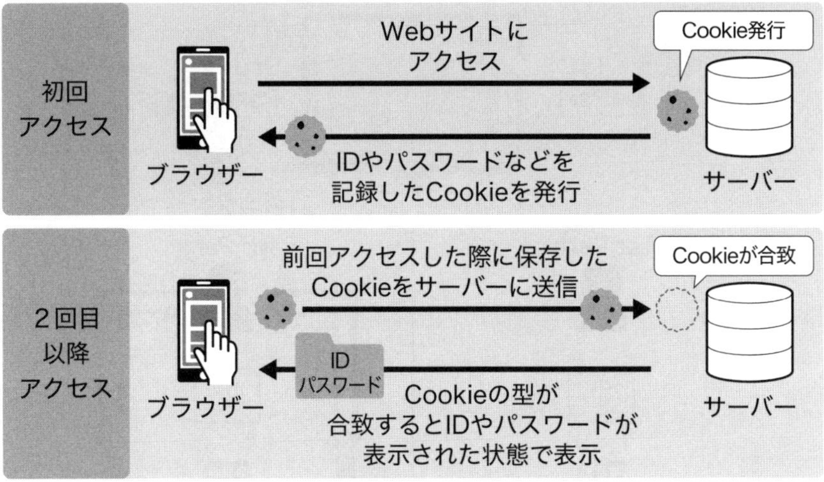

図表4-1　Cookie

Webサイト（サーバー側）からIDやパスワードなどを記録したCookieが発行されます。利用者が再び同じWebサイトにアクセスした際、以前に発行されたCookieの型が合致すると、同じ利用者であると判定され、利用者が入力・保存したIDやパスワードなどがあらかじめ表示され、再び入力することが不要となります。他にも、ショッピングカートやお気に入りに追加した情報の保存、カスタマイズされたコンテンツの表示、広告配信など、CookieはWebサイトを利用する際、もはや必要不可欠な技術として、幅広い用途で活用されています（**図表4-1**）。

Cookieには主に2つの種類があります。1st Party Cookieと3rd Party Cookieです（**図表4-2**）。

1st Party Cookie（ファーストパーティークッキー）

1st Party Cookieは、閲覧しているWebサイトの運営者が直接収集（生成・管理）するCookieです。例えば、オンライン

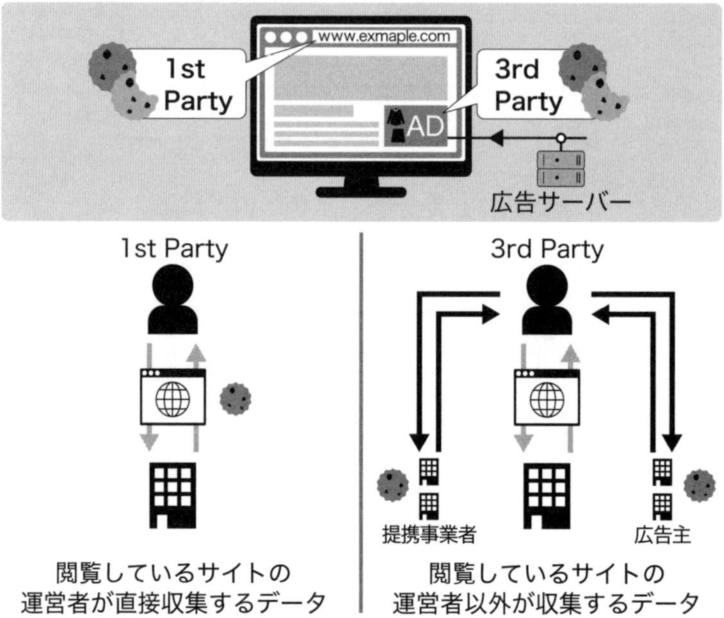

図表4-2　1st Party Cookieと3rd Party Cookie

ショップのWebサイトを訪れたとします。このとき、ショップが生成・管理するCookieが1st Party Cookieになります。これにより、ログイン状態の維持やショッピングカートに入れた商品の記録など、Webサイト利用時の快適性が向上します。

3rd Party Cookie（サードパーティークッキー）

3rd Party Cookieは、閲覧しているWebサイトの運営者以外の第三者が収集（生成・管理）するCookieです。例えば、オンラインショップのWebサイトを訪れた際、ショップが提携している広告会社が3rd Party Cookieを収集します。この広告会社は、利用者が閲覧しているショップ以外のWebサイトで収集したCookieと組み合わせて、利用者の閲覧傾向や消費行動を分析します。

その分析結果を基に、複数の広告の候補の中から、利用者の興味・関心に最も近いと推測される広告を配信します（ターゲティング広告）。このプロセスを踏むことによって、不特定多数に同一の広告を配信する場合と比較し、広告の配信効果が高まります。利用者にとっては、自分自身に関連性の高い広告が表示され（関連性の低い広告は表示されなくなり）、事業者にとっては、広告の収益性が向上するという利点があります。

一方、アドテク（広告技術）における、行き過ぎた3rd Party Cookieの取得・活用が、プライバシーを侵害する懸念があるとして、欧州や、Webブラウザーを提供するGoogle（Chrome）やApple（Safari）を中心に、規制を強化する動きが進んでいます（詳細は「コラム１　Cookieレスの動き」を参照）。

(2) Cookieで収集される主な情報

Cookieで収集される主な情報には、利用者を端末（ブラウザーやアプリ）単位で識別するID（識別子）のほか、言語や地域などの設定情報、利用者がどのサイトを検索や閲覧したかと

図表4-3　Cookieで外部送信される主な情報

項目	概要
ID（識別子）	利用者を識別するための一意の識別子。例えば、ログイン状態を維持するためのセッションIDが含まれることがあります
設定情報	利用者の言語設定や地域設定、テーマの設定など。これらの情報は、Webサイトが利用者に合わせた表示を行うために利用されます
行動履歴	利用者のWebサイト閲覧履歴や検索履歴。これらの情報は、広告配信のターゲティングやWebサイト改善のために利用されることがあります
ログイン情報	利用者のアカウント名やパスワードなどのログイン情報。これらの情報は、利用者が再度ログインする際に利用されます
セッション情報	Webサイト上での利用者のセッション情報。例えば、ショッピングカートの内容やフォームに入力された情報などが保存されます
プライバシーに関わる情報	利用者のIPアドレス、Webブラウザーの種類やバージョン、デバイスの情報などのプライバシーに関わる情報。これらの情報は、広告配信のターゲティングやWebサイト改善のために利用されます

いう行動履歴情報、再ログインの際のアカウント名やパスワードなどのログイン情報、ショッピングカートやお気に入りに追加したセッション情報、さらに、インターネットのIPアドレスやブラウザーのバージョン情報などがあります（**図表4-3**）。

氏名や住所といった情報は、基本的には利用者が直接入力を行わない限り、Cookieに含まれることはありません。そのため、Cookieで収集された情報は、プライバシーと密接な関係にありながらも、単体では特定の個人を識別することができないものとして、法令上の個人情報には該当しないことになっています。

4-2 広告識別子

(1) 広告識別子とは

「広告識別子（ADID）」※とは、広告主や広告配信ネットワークが利用者を識別し、ターゲティングや配信の最適化に活用するために使用される、固有のスマートデバイスごとに割り振られるIDです（**図表4-4**）。3rd Party Cookieと同様に、広告識別子を

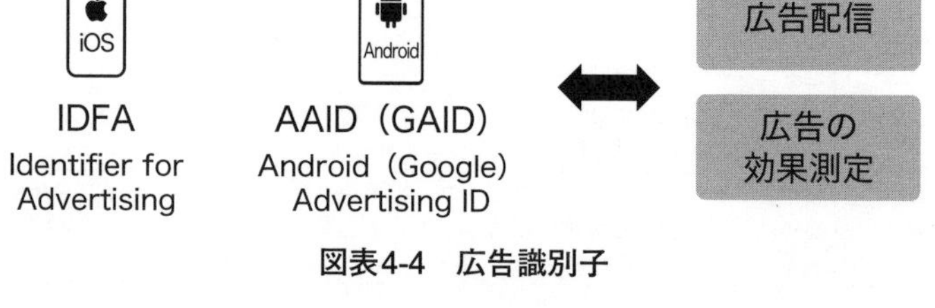

図表4-4　広告識別子

活用することで、利用者にとっては自分自身に関連性の高い広告が表示され（関連性の低い広告は表示されなくなり）、事業者にとっては、広告の収益性が向上するという利点があります。

※ iOSは「IDFA」、Androidは「AAID」または「GAID」と呼ばれます。

広告識別子についても、プライバシー上の懸念が指摘されています。特に、一定期間が経過すると有効期限が切れるCookieに対して、広告識別子は、利用者が意図的に端末の設定を変更しない限りリセットされないため、長期間にわたって、利用者の行動データが蓄積されることによって、特定の個人を識別できる可能性が高まる傾向があります。

また、異なる事業者間で取得した情報を、広告識別子をキーにすることで容易に照合することができるようになります。取得した時点では、法令上の個人情報に該当しない情報であっても、照合（ひも付け）を行うことによって、パズルのピースのように断片的だった情報が組み合わさり、その結果として、特定の個人を識別できる可能性が高まってきます。

このような懸念に対して、OS事業者が対応策を進めていま

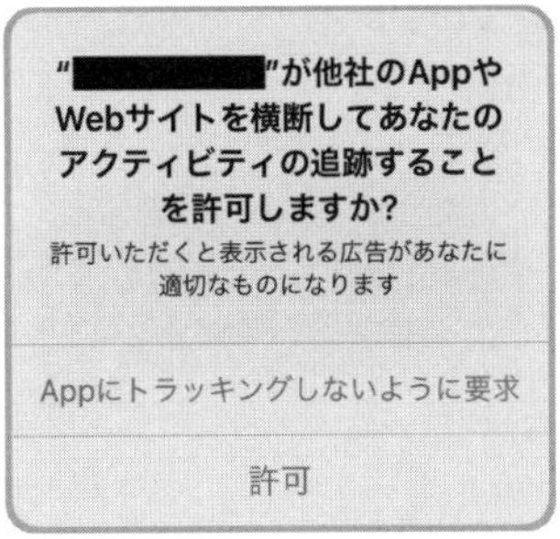

図表4-5　iOSのオプトアウト画面

す。例えばAppleは、2021年に登場したiOS 14.5以降において、広告識別子を送信する際、利用者の許諾を必須とする形式（App Tracking Transparency（ATT））になりました。具体的には、利用者がアプリを起動した際、広告識別子の送信やトラッキング（行動追跡）を行う旨と、その目的をダイアログで通知し、許諾を得ることが義務化されました（**図表4-5**）。

(2) 広告識別子とCookieの違い

Cookieと広告識別子は、両方ともデジタルマーケティングにおいて広く使われる技術です。また、どちらも単体では特定の個人を識別することができないため、法令上の個人情報には該当しません。ただし、個人情報と関連付けを行うなどして個人データ化する場合は、個人情報保護法で課せられる要件への対応が必要となる点には注意が必要です。

一方、両者には、識別子の形式、保存場所、使用目的の広さ、有効期限などにおいて異なる特徴があります（**図表4-6**）。

図表4-6　Cookieと広告識別子

項目	Cookie	広告識別子
識別子の形式	Webサイトの運営者や提携事業者によって生成される小さなテキストファイル	デバイス（OS）によって生成される一意の識別子（36桁の英数字）
保存場所	Webブラウザー	スマートデバイス（スマートフォン・タブレット・スマートTVなど）
使用目的	広告配信・効果測定のほか、Webサイトの機能提供（ログインIDやパスワード、カートやお気に入りの情報の保存、カスタマイズされたコンテンツの表示など）	利用者のデバイス上での行動追跡、ターゲティング広告・効果測定
有効期限	発行者が設定した有効期限が切れるまで	ユーザーがリセットするまで
法令上の位置付け	単体では個人情報には該当しない（ただし、個人情報と関連付けを行うなどして個人データ化する場合は、個人情報保護法で課せられる要件への対応が必要）	

4-3 位置情報

位置情報とは、デバイスの現在地を示す情報のことです。スマートフォンやタブレット、車のGPSなど、位置情報データを収集できるデバイスは身近にも様々なものがあります。位置情報の取得技術には、GPSのように衛星を使って測位するほか、携帯電話の基地局情報やWi-Fi、Bluetooth（ビーコン）、IPアドレスなどを活用して現在地を示す方法があります。

位置情報は、利用者がアプリやWebサイトを使用する際、いろいろな場面で活用されています。例えば、地図アプリで現在地から目的地までの経路を把握したり、現在地の天気予報を確認したり、よく訪れる場所に関連性の高い検索ワードやコンテンツを優先的に表示したりすることに使われています。事業者にとっても、位置情報を活用することによって、利用者の現実空間における行動傾向に基づき、最適化されたコンテンツの表示や広告配信を行うことによって、収益性の向上につながる利点があります。

位置情報はCookieや広告識別子以上に、個人の現実空間における行動を追跡できる点において、プライバシー上の懸念があります。そのため、Apple（iOS）、Google（Android）共に、位置情報を収集するアプリには、利用者への通知と許諾の確認が必須となっています（**図表4-7**）。

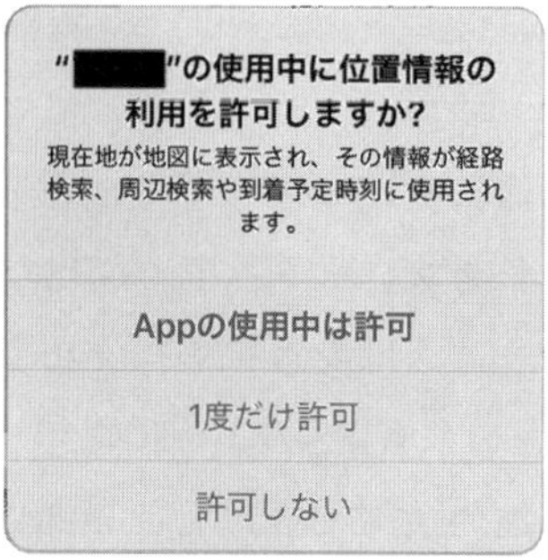

図表4-7　位置情報の評価を求める画面（iOSの場合）

4-4 その他の利用者情報

スマートデバイスから取得できる情報には、アプリ内での回遊情報や購買履歴情報、デバイス情報など多数の情報が含まれます。具体的にどのような情報が収集されているか、利用者が分かりやすく確認する方法として、App Store（iOS）で各アプリの詳細ページ内で表示される「Appのプライバシー」の項目があります。これは前述の「App Tracking Transparency」の要件の一つとして、iOS 14.5以降、アプリ事業者に必須化されています。

アプリが収集する情報や、それらの情報がどのように利用されるのかを視覚的に認識できるようにテンプレート化されています（**図表4-8**）。この画面にある「ユーザのトラッキングに使用されるデータ」では、データが、デベロッパー（アプリの提供事業者）以外の事業者に共有される旨を開示することが示されています。「ユーザに関連付けられたデータ」では、デベロッパーが自社内で関連付けを行うユーザーのデータについて開示しています。

図表4-8　トラッキングに使用されるデータ項目の設定画面

コラム 1

Cookieレスの動き

アドテク（広告技術）における、行き過ぎた3rd Party Cookieの取得・活用が、プライバシーを侵害する懸念があるとして、欧州各国のほか、Webブラウザーを提供するGoogle（Chrome）やApple（Safari）を中心に、3rd Party Cookieの取得・活用を規制強化する動きが進んでいます※。

※ 外部送信規律はターゲティング広告などの規制を目的としたものではなく、外部送信される利用者に関する情報についての透明性を向上させるためのものです。

3rd Party Cookie規制の動き

2017年9月	Apple Intelligent Tracking Prevention（ITP）リリース（クロスサイトトラッキング防止）
2018年5月	EU GDPR（一般データ保護規則）施行
2019年9月	Apple ITP2.3発表（Cookie以外のストレージデータを7日間で無効化）
2020年1月	Google 3rd Party Cookieの2023年までの段階的排除を発表 米カリフォルニア州 消費者プライバシー法（CCPA）施行
2020年3月	Apple ITP2.3のアップデートにより3rd Party Cookieを完全排除
2020年4月	改正個人情報保護法成立（2022年4月施行）
2020年6月	Apple iOS 14より広告識別子の利用を制限

「Cookieレス」とは、3rd Party Cookieが事実上廃止された後を見越して、Cookieを使用せずにオンライン広告配信を行うことです。Cookieレスのオンライン広告配信には、いくつかの技術があります。例えば、利用者のオンラインでの行動

に基づいて広告を表示するために、機械学習や人工知能（AI）を使用する方法です。これらの技術は、ユーザーの行動パターンを自動的に分析して、Cookieを利用しなくても、ターゲティング広告を配信することができます。

また、代替技術として、広告主が自社の顧客データ（1st Party Cookieなど）を使用して、ターゲットユーザーを特定し、広告を配信する方法があります。顧客データを、自社内で閉じて利用することで、利用者のプライバシーを保護しつつ、広告配信の精度を向上することが期待されています。

いずれにしても、従来、自社の広告配信において利用できてきた3rd Partyのデータが利用できなくなるため、1st Party Cookieの重要性がますます高まってきています。こうした自社データの取得や活用の前提としても、外部送信規律への対応は重要な取り組みとなります。

本コラムでは、Cookieレスへの対処方法を考えるに当たって、そもそもCookieがもたらすメリットや、廃止による影響を整理します。

なぜ、Cookieが使われるのか？

なぜCookieが多くのWebサイトで使われているのでしょうか。Cookieを利用するメリットを「利用者側」と「サイト運営側」に分けて説明します。

(1) 利用者側のメリット

個別化された広告体験

自分の興味や関心に基づいたターゲティング広告を受け取ることができます。これにより、関心のある広告を見つけやすくなり、Web閲覧の体験が向上します。

Webサイトの利便性向上

利用者のログイン情報やショッピングカートの内容など、Webサイトの利用状況を記憶することができます。これにより、利用者はWebサイトを快適に利用することができ、繰り返し訪れる際の利便性が向上します。

(2) サイト運営側のメリット

利用者行動の追跡と分析

Cookieを利用することで、利用者の行動を追跡し、分析することができます。これにより、Webサイトの改善や新しいコンテンツの開発、マーケティング戦略の最適化に役立てることができます。継続率の向上にも役立ちます。

広告効果の最適化

利用者の興味や関心に応じたターゲティング広告を提供することができます。これにより、広告主は広告効果を高め、ROI（投資対効果）を向上させることが可能です。

コンバージョンの向上

広告効果が向上することにより、商品の購入やサービスの申し込み、会員登録や資料請求などの、コンバージョンの向上も期待できます。

成果測定と最適化

企業はCookieを利用して、広告やコンバージョンの成果を測定し、最適化することができます。これにより、効果的な広告戦略を継続的に改善し、競争力を維持することにつながります。

このようにCookieには利用者側にもサイト運営者や企業側双方に様々なメリットがあるため、Cookieが使われるのです。

3rd Party Cookieのプライバシー保護の観点からの問題点

Cookieには「1st Party Cookie」と「3rd Party Cookie」があると説明しました。このうち、プライバシー保護の観点で3rd Party Cookieには以下の問題が指摘されています。

パーソナルデータの無断収集と個人識別性の向上

3rd Party Cookieは、利用者のWeb閲覧履歴や興味・関心に関する情報を第三者が収集し、広告のターゲティングや分析を行うために利用されています。これにより、パーソナルデータが第三者によって無断で収集されるリスクや、蓄積や利用の方法次第で、特定の個人が識別される懸念が生じます。

プライバシー侵害

3rd Party Cookieを利用した広告ターゲティングにより、利用者のプライバシーが侵害されることがあります。例えば、過去に訪れたWebサイトや検索履歴に基づく広告が表示されることで、利用者が追跡されていると感じることがあります。

不正確なプロファイリング

3rd Party Cookieによって収集された情報は、必ずしも正確でないことがあります。これにより、誤ったプロファイリングが行われ、利用者に不適切な広告が表示されることがあります。

データの流出リスク

3rd Party Cookieによって収集された情報は、複数の企業間で共有されることがあります。これにより、データの流出リスクが高まり、パーソナルデータが悪用される恐れがあります。

不透明なデータ管理

多くの場合、利用者はどのような情報が収集・利用されているか、そしてどの企業がそのデータを管理しているかを把握することが難しいです。この不透明さは、利用者のプライバシー保護に対する不安を招くことがあります。

同意の取得が不十分

一部のWebサイトでは、利用者から明示的な同意を得ずに3rd Party Cookieを使用していることがあります。これは、プライバシー保護の観点から問題視されています。

これらの問題点を解決するために、各国のプライバシー保護法や規制が強化されつつあり、3rd Party Cookieの利用制限や廃止が検討されています。また、代替技術や手法が開発されており、プライバシー保護と広告効果の両立が求められています。

Cookieレスによる影響

Cookieレスによってどのような影響があるでしょうか。利用者側と企業側に分けて説明します。

(1) 利用者側の影響

プライバシーの向上

3rd Party Cookieの廃止により、利用者のWeb閲覧履歴や興味・関心に関する情報が第三者によって収集・利用されることが減ります。これによりプライバシー保護が向上します。

ターゲティング広告の減少

Cookieレス環境では、広告主がターゲティング広告を配信するのが難しくなります。そのため、利用者が受け取る広告は一般的で無関係なものになる可能性があります。

カスタマイズされたコンテンツの減少

Cookieを使用したパーソナライゼーションが難しくなるため、Webサイトが利用者の好みに合わせてコンテンツをカスタマイズすることが困難になることがあります。

(2) 企業側の影響

広告効果の低下

Cookieレス環境では、企業が利用者の行動データを収集し、ターゲティング広告を実施するのが難しくなります。そのため、広告効果が低下し、コンバージョン率の減少が懸念されます。

マーケティング戦略の変更

企業は、Cookieに依存しない新しいマーケティング戦略を立案・実行する必要があります。これには、1st Partyデータの活用や、プライバシーに配慮した代替技術（例：FLoC、UID2.0）の導入が含まれます。

コンプライアンスへの対応

各国のプライバシー保護法や規制に適合するため、企業は内部のデータ管理ポリシーやプロセスを見直す必要があります。これには、データの収集・利用・保存・削除に関する明確なポリシーの策定や、従業員への研修、利用者への情報開示などが含まれます。コンプライアンスへの対応が適切でない場合、法的制裁や企業の評判損失が懸念されます。

顧客エンゲージメントの変化

Cookieレス環境では、企業が顧客とのエンゲージメントを維持・強化する方法が変わります。例えば、Webサイトやアプリ内で顧客にアカウント作成やメール購読を促すことで、1st Partyデータを収集し、顧客とのコミュニケーションを継続的に行います。

コンバージョン測定の困難

Cookieレス環境では、従来の方法で広告のコンバージョンを測定することが難しくなります。企業は、代替手法を採用することで、広告効果やROI（投資対効果）の評価を続ける必要があります。これには、サーバーサイドトラッキングやプライバシーに配慮した測定技術の導入が含まれます。

データのセキュリティー向上

3rd Party Cookieの廃止に伴い、企業は1st Partyデータを重視するようになります。その結果、企業はデータのセキュリティー対策を強化し、データ漏洩や不正アクセスのリスクを低減します。

総じて、Cookieレス環境では、利用者側にはプライバシー保護の向上が期待される一方で、企業側には広告効果やマーケティング戦略の見直しなど、多くの変化と課題が生じることが予想されます。この新たな環境に適応し、プライバシー保護とビジネス成果を両立させるためには、企業はデータの収集・利用・管理方法を見直し、顧客とのエンゲージメントを維持・強化する方法を模索する必要があります。同時に、利用者も自身のプライバシーに対する意識を高め、適切なデータ管理や情報開示を求める態度が重要となります。

第2部 外部送信規律への対応

Chapter

5 社内対応7ステップ

5-1 対応の全体像

ここまで、外部送信規律とは何か、どのような事業者が対象となり、対象となる情報には何があるのかを見てきました。ここからは、外部送信規律への具体的な対応方法を解説します。自社組織で外部送信規律に対応する場合を想定し、標準的な「7ステップ」をまとめました（**図表5-1**）。自社組織での対応か、外部委託かについては、本Chapterの後にある「コラム2　自社対応か、外部委託か」を参考にしてください。

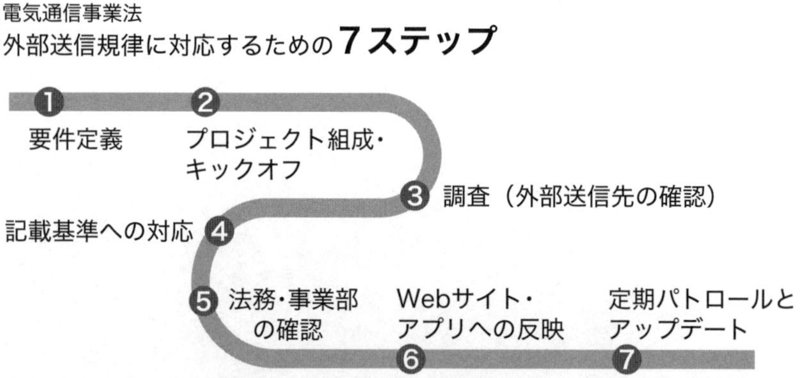

図表5-1　外部送信規律対応の7ステップ

ステップ１は「要件定義」です。自社の運営するサービス（Webサイトやアプリ）を洗い出し、それぞれ、外部送信規律への対応の要否を確認していきます（Chapter2参照）。また、現状を踏まえ、いつまでに対応が必要か、どのような形式で、どれくらいのリソース（人員・時間・コスト）を要するかを見立てます。

ステップ２は「プロジェクト組成・キックオフ」です。外部送信規律への対応は、調査や帳票化、法令確認など、法務部やサービスの運営部門など、複数の担当者との連携が不可欠です。そのため、あらかじめ関係する人をプロジェクトにアサインし、キックオフで目線合わせをしておきます。

ステップ３は「調査（外部送信先の確認）」です。外部送信規律の対象となる自社のWebサイトとアプリ、それぞれの外部送信先の実態を調査します。WebブラウザーやOSに搭載されている機能や拡張ツール、モニタリングアプリなどを活用して、実際の通信状況をモニタリングします。

ステップ４は「記載基準への対応」です。ステップ３の調査結果で得られたURLや識別子（場合によっては送信先の企業名や、用途のカテゴリーが含まれます）などに、利用目的などを加え、外部送信規律の記載基準に沿って分かりやすく記述します。

ステップ５は「法務・事業部の確認」です。ステップ４の記載内容が法令要件に則しているかを客観的にレビューし、かつ、事業の実態と合致しているかを確認します。

ステップ6は「Webサイト・アプリへの反映」です。ステップ4で記載し、ステップ5で確認した内容を公開します。外部送信規律で求められる「確認機会の付与」の要件を満たした実装を行います。

ステップ7は「定期パトロールとアップデート」です。外部送信規律は一度対応すれば完了するものではありません。Webサイト・アプリがアップデートされ続ける限り、外部送信の状況は変化します。そのため、定期的な監視（パトロール）と更新（アップデート）が不可欠です。パトロールとアップデートをどのように進めていくか、運用設計を行います。

ここから、ステップを一つひとつ解説していきます。

5-2　ステップ1　要件定義

要件定義では、以下の4つの作業を実施します。

- 調査対象の明確化（リスト作成）
- 対応方法（通知または公表）の選択
- 詳細情報の掲出場所の選定
- スケジュール作成

5-2-1　調査対象の明確化（リスト作成）

自社の運営するサービス（Webサイトやアプリ）を洗い出し、それぞれ、外部送信規律への対応の要否を確認していきます。まずは、自社が運営しているWebサイトやアプリをすべて一覧化することから始めます（コーポレートサイトを確認する、またはアプリの場合はアプリストアで「販売元（デベロッパー）」から検索することが可能です）。それぞれが外部送信規律に対応しているか否かを個別に確認します。**図表5-2**のような帳票を作成すると、必要な観点を網羅できます。

調査対象の判定には、以下の2つの観点があります。

				外部送信規律対象判定						事業判断	総合判定
				①「電気通信役務を営む者」への該当性							
#	Web/App(OS)	サービス名	URL/アプリストアURL	基準1: 電気通信役務を他人の需要に応じ提供している	基準2: 電気通信役務を反復継続して提供している	基準3: 電気通信役務を前提としているサービスである	基準4: 利益を得ようとしている ※実際に利益が出ていない場合を含む	② 利用者の利益に及ぼす影響が少なくないものに該当する	判定結果		
1	Web	コーポレートサイト	https://abc.co.jp/	Yes	No	No	No	No	対象外	対象外	対象外
2	Web	Mall ABC	https://abc.jp/	Yes	Yes	Yes	Yes	Yes	対象	対象	対象
3	iOS	Mall ABC for iOS	https://apps.app...	Yes	Yes	Yes	Yes	Yes	対象	対象	対象
4	Android	Mall ABC for Android	https://play.goo...	Yes	Yes	Yes	Yes	Yes	対象	対象	対象
5	Web	News XYZ	https://xyz.jp/	Yes	Yes	Yes	Yes	Yes	対象	対象	対象
6	iOS	News XYZ for iOS	https://apps.app...	Yes	Yes	Yes	Yes	Yes	対象	対象外	対象外
7	Android	News XYZ for Android	https://play.goo...	Yes	Yes	Yes	Yes	Yes	対象	対象外	対象外
8	Web	社内イントラネット	https://intra.abc.co.j	No	Yes	Yes	No	No	対象外	対象外	対象外
9	Web	自社新卒採用サイト	https://saiyo.abc.co.	Yes	Yes	Yes	No	Yes	対象外	対象外	対象外
10		…	…						…	…	…

横軸の項目例

＜基本情報＞

- 「Web/App（OS）」（選択項目：Web、iOS、Android）
- 「サービス名」
- 「URL/アプリストアURL」

＜外部送信規律観点＞

- 「基準１：電気通信役務を他人の需要に応じ提供している」（選択項目：Yes/No）
- 「基準２：電気通信役務を反復継続して提供している」（選択項目：Yes/No）
- 「基準３：電気通信役務を前提としているサービスである」（選択項目：Yes/No）
- 「基準４：利益を得ようとしている※実際に利益が出ていない場合を含む」（選択項目：Yes/No）
- 「②利用者の利益に及ぼす影響が少なくないものに該当する」（選択項目：Yes/No）
- 「判定結果」（選択項目：対象/対象外。基準１～４と②のすべてがYesの場合のみ「対象」、その他はすべて「対象外」となる）

＜ビジネス観点＞

- 「事業判断」（サービスを今後も継続的に行っていくか。選択項目:対象/対象外）

＜総合判定＞

- 「総合判定」（選択項目:対象/対象外）

図表5-2　調査対象の明確化

(1) 法令上の対象判定

まずは法令上の外部送信規律の「対象／対象外」を判定します。判定軸は以下になります（詳細はChapter2を参照）。

- 「電気通信役務を前提としているサービスである」への該当性。
- 「電気通信役務を他人の需要に応じて提供している」への該当性。
- 「利益を得ようとしている（実際に利益が出ていない場合を含む）」への該当性。
- 「利用者の利益に及ぼす影響が少なくないもの」への該当性。

なお、ビジネスモデルやサービスによっては、外部送信規律の対象となるか否かの判断は非常に難しい場合があります。判断が難しいものについては、あまり神経質にならずに、ひとまずリストアップし、弁護士などの第三者に確認することが望ましいです。

(2) ビジネス判断上の対象判定

次に、ビジネス観点で調査を実施するか否かを判定していきます。調査の対象数が増えることで、対応に必要なリソースが増えるため、そもそもビジネス観点で対応不要と判断されるサービスを調査対象から除外すると、効率的に進めることができます。以下のケースが、ビジネス判断で「対象外」となり得る例です。

- 外部送信規律の要件に該当する対応が既に取られている（プライバシーポリシーやCookieポリシーなどで外部送信

先の記載要件が満たされている、既に運用停止が決定しているサービス）。

- 外部送信規律の適用対象外となる、一定の要件を満たしたオプトアウト・同意取得の対応ができている。
- 外部送信規律の適用対象に該当する外部送信を一切停止する。
- 他社と共同運営し、共同運営先企業が外部送信規律に対応するもの。

5-2-2 対応方法（通知または公表）の選択

外部送信規律における「確認機会の付与」の方法は、原則「通知」または「公表」です。「オプトアウト」または「同意取得」が代替策になるケースがありますが、それはChapter6で詳しく解説します。

ここでは、「通知」と「公表」の画面イメージや、メリット・デメリットを説明します。

「通知」と「公表」のどちらを選択するべきでしょうか。なお、Webサイトにおける対応と、アプリにおける対応は、必ずしも一致する必要はありません。著者としては、国内向けのサービスであれば、基本的には「公表」が最適であると考えます。相対的に利用者にとってユーザビリティー（Webやアプリの使いやすさ）とプライバシー懸念への配慮を両立し、かつ、事業者にとって発展的なデータ利活用や現状の収益性に及ぼす影響を最小限にとどめる手法であると考えられるためです。

当然、Webサイトやアプリがどのような利用者をターゲットとし、どのようなデータを取得・利活用しているかによっても変化します。プライバシー懸念の高い情報を取得する場合や、取得後に他のデータと関連付けて利用するなど、利用者の予見可能性を超えるケースにおいては、積極的に「通知」することが必要です。

(1) 通知

「通知」とは、外部送信規律に関する詳細（外部送信ポリシー）ページの所在を、Webページへのアクセス・アプリの利用開始時に、ポップアップ形式などによって即時に表示するなど、利用者が容易に認識できるようにすることです。

通知の方法として、Webサイトの場合はアクセスした際に

●「通知」とは
外部送信規律に関して、Webページへのアクセス・アプリの利用開始時に、ポップアップ形式などによって即時に表示

図表5-3　通知の例

バナーを表示する方法があります。アプリの場合は、起動時に表示されるスプラッシュ画面を表示する方法などがあります。外部送信先が複数に及ぶなど情報量が多い場合は、これらの通知内だけですべての情報を記載することは難しいため、詳細を記載したページ（外部送信ポリシーページなど）へ、分かりやすくリンクを設定する方法が考えられます（**図表5-3**）。

サイト運営者やマーケティング担当者が考慮することとして、Webサイトとアプリで、ユーザー体験やコンバージョンレート（会員登録や広告効果、売り上げなどにつながる割合のこと）に与える影響の観点です。

アプリの場合を考えてみましょう。アプリを起動する際、「スプラッシュ画面」や「ダイアログ（OSの仕様として表示される画面）」を実装しているケースがほとんどです。従来実装している画面に外部送信規律に関する画面を追記すればよく、利用者からすると、とりわけ煩わしくはなく、自然と受け入れられる手法だと言えるでしょう。

Webサイトの場合、ページへのアクセス時にバナーを表示して通知を行うWebサイトが見られます。これらの表示が、画面の下部や端の方に表示され、Webサイトの閲覧や操作の邪魔にならない状態であれば影響は少ないと考えられます。一方で、通知画面がウインドウの大部分を覆っていたり、何らかのクリック操作をしないと本来のコンテンツが閲覧できなかったりすると、「煩わしい」と感じる利用者が増えることが想定されます。プライバシーへの関心が高い利用者の中には好まれる方もいるかと思われますが、多くのユーザーは、シームレスなWeb体験が阻害されることの方が、むしろ不便さや不快感を感じるのではないでしょうか。

「ほんのわずかな1クリック程度の操作を求めるだけ」と思われる方いるかもしれませんが、日々いくつものサイトを横断的に閲覧している利用者からすると、事実上強制的かつ反射的にクリックを求められる方法は、プライバシーに配慮している対応と言えるでしょうか。法令順守や、利用者への透明性・選択機会の確保によって、サービスの利便性の低下を招いてしまっては本末転倒です。とりわけ数百万人規模の利用者を抱えるサービスでは、ほんのわずかなユーザーインタフェース（UI）・ユーザーエクスペリエンス（UX）の違いがコンバージョンレートへ大きな影響を及ぼします。

法令で求められている要件を正しく理解したうえで、利用者への影響を留意した「通知」の表示場所・表示サイズ・表示時間・表示頻度・制約条件（通知が表示されている間にコンテンツの利用を制限するか）などの設計が必要です。

(2) 公表

公表（容易に知り得る状態に置く）とは、外部送信を行っているどのページからでも、利用者が容易に到達（アクセス）できる導線（リンク）と詳細を確認できるページを設置することです。公表は、Webサイトやアプリ本来のユーザー体験への影響が少ないという利点があります（**図表5-4**）。

Webサイトの場合は共通のフッターにリンクを設置する、アプリの場合は一般的にホーム画面に表示されるグローバルメニューや設定画面の中に設定されている、利用規約やプライバシーポリシーなどと並列して、外部送信の詳細ページへ

●「公表（容易に知り得る状態に置く）」とは
外部送信規律に関する詳細（外部送信ポリシー）ページを設置し、外部送信を行っているどのページからも、容易にアクセスできるようリンクを配置するなどのこと。

図表5-4　公表の例

のリンクを設置する方法が考えられます。利用者が外部送信の状況を気にした際、どこから閲覧できるのか想定しやすい場所にリンクが設置されている状態を担保しておくことが求められます。

一方、利用者から「気付きにくい」「どこからページにたどり着くことができるか分かりづらい」といった印象を抱かれる懸念もあります。特にユーザーの想定を超えた利活用が行われるケースにおいては、「公表」だけでは、ユーザーの不安や気持ち悪さといった感情面への配慮が不足するケースが考えられます。

ユーザーの想定を超えるとは、ユーザーが利用しているサービス本来の用途の範囲を超えて、データが利用されることです。例えば、タクシー配車アプリの利用で送信された位置情報データが、ターゲティング広告に使われるケースなどが想定されます。一般的な利用者にとって、データの利活用が想定し得るものであるか否かという観点で、公表にとどめることが妥当なのか、積極的に通知を行う必要があるのかを選択する必要があります。

利用者が一般的な判断力や理解力をもって想像がつかないようなデータ利用をしているなら、公表にとどめず、積極的に通知を行う必要があるでしょう。常に利用者視点に立つことが重要です。

5-2-3 スケジュール作成

ここまでの作業で、「対応が必要なサービス数」「対応方法」「詳細情報の掲載場所」がつかめたと思います。それらが分かれば、おおよその作業ボリュームや、連携が必要な部署・担当者が見えてくるでしょう。ステップ1の最後に、自社における外部送信規律の対応期限を設定し、スケジュールを立てます。

外部送信規律対応に関連するタスクの対応工数目安
（1サイト・1アプリ、外部送信先が30件程度の場合）

ステップ1　要件定義（1週間程度）
ステップ2　プロジェクト組成・キックオフ（1週間程度）
ステップ3　調査（1～3営業日）
ステップ4　記載基準への対応（2～3営業日程度）
ステップ5　法務・事業部の確認（1週間程度）

ステップ6　Webサイト・アプリへの反映（1～2週間程度）
ステップ7　定期パトロールとアップデート（1週間程度）

5-3 ステップ2 プロジェクト組成・キックオフ

外部送信規律の対応には、社内の様々な部署と連携して進めていく必要があります。また、対応しなければならない期間が非常に短いケースもあるため、事前に関係者間での合意形成が重要です。まずは、以下を参考に、「外部送信規律の対応に関係する担当者」を明確にします。

外部送信規律対応に関係する部門（担当者）例

- 法務担当
- 顧問弁護士
- 各サービスの運営責任者
- 各サービスの開発部門の担当者
- コーポレートサイトの管理者

全関係者が集まる場として、キックオフ（30～60分程度）を開催します。キックオフのアジェンダとしては、以下が参考になります。

キックオフのアジェンダ例

①目的とゴール
②組織責任者から（重要度）
③外部送信規律の概要

④具体的な対応（内容と役割分担）
⑤スケジュール
⑥組織体制（責任者・プロジェクトマネジャー・各部門担当者など）
⑦会議体の定義（実施曜日・時間、参加者、目的、オーナー）
⑧連絡方法（メール・チャットなど）・情報共有方法（社内ポータルなど）
⑨ プロジェクト体制

法令順守とはいえ、イレギュラーな対応はどこの組織も嫌がるものです。対応の背景や目的、対応不備によるリスクに加え、積極的な対応によるメリットなどに関して、あらかじめ関係者間で共有・認識を図っておくことが円滑に進めるポイントとなります。

5-4 ステップ3 調査（外部送信先の確認）

外部送信先の調査方法には、「自主調査（簡易調査）」と「外部調査（詳細調査）」の２つの方法があります。

5-4-1 自主調査（簡易調査）

Webサイトやアプリ（合わせて「サービス」と呼びます）の運営責任者であっても、担当しているサービスがどこにデータを送信しているか、そのすべてを把握していることは極めてまれです。多数の開発者が関わっているWebサイトや、リリースから年数が経過しているアプリも珍しくありません。

そうした場合、過去に導入したタグやSDKといった外部送信ツールが残っており、亡霊のように、目的もなく、ただ送信されているケースがあります。そのため、Webサイトやアプリに埋め込まれたタグやSDKなどのモジュールによって発生している通信状況を客観的かつ網羅的に検知する必要があります。具体的には以下の①〜⑪の項目を調査していきます。

調査票の項目

①調査手法（自主調査または外部調査）
②調査日
③デバイス種別（Web・iOS・Android）
④Webサイト名・アプリ名
⑤［アプリの場合］調査を行ったアプリのバージョン
⑥1st/3rd種別
⑦送信先サービス名・会社名
⑧送信情報
⑨送信目的（1st Party・3rd Partyそれぞれの利用目的）
⑩送信先のポリシーページのURL
⑪送信先のオプトアウトページのURL

ここでは簡易的に自社のWebサイトやアプリでどの程度の外部送信が行われているかを大まかに把握する方法を紹介します。

(1) 送信先を調べる方法（Webサイト）

Webサイトの外部送信先を調べる具体的な方法の一つに、Google Chromeの拡張機能「DuckDuckGo（ダック・ダック・ゴー)」を使う方法があります。米国のDuckDuckGo社が提供する検索サービスで、プライバシーの保護と、利用履歴などを記憶しないことを方針に掲げています。Google Chromeの拡張機能（プラグイン）として提供され、このサービスを使うことでWebページの通信を検知できます。

Google Chromeにプラグインをインストールすると、データ送信の種別（広告、分析、コンテンツ配信など）と、送信先ごとに外部送信の可否を選択できます。この送信可否を選択する画面から、送信先の3rd Partyを見つけることができるのです（**図表5-5**）。

＜インストール方法＞
1. Google Chromeで「Chrome ウェブストア」を開く
2.「DuckDuckGo」を検索、「Chromeに追加」でインストール
3. アドレスバーの右側に「DuckDuckGo」のアイコンが表示さ

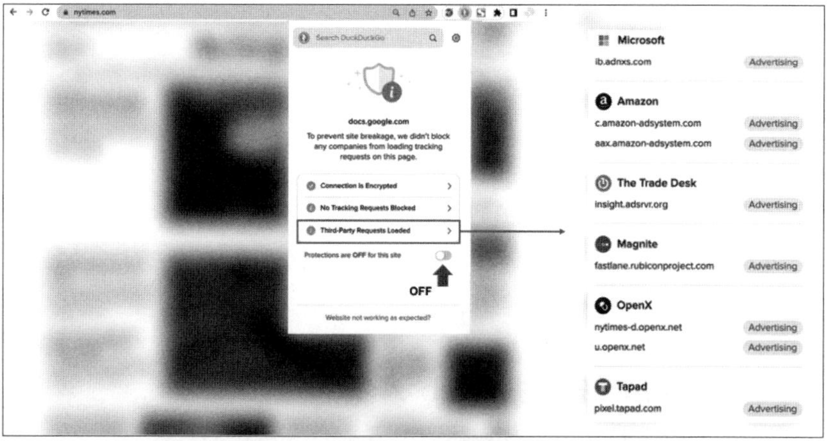

図表5-5 Google Chromeの拡張機能「DuckDuckGo」

れていれば完了
（表示されない場合は、「拡張機能」→「拡張機能を管理」からDuckDuckGoをONにする）

＜確認方法＞
1. Google Chromeで調査したいWebサイトを開く
2. アドレスバーの右側に表示される「DuckDuckGo」のアイコンをクリック
3. ポップアップ内の下部にあるスイッチが「Protections are OFF for this site」になっていることを確認する
4.「Third-Party Requests Loaded」を確認

(2) 送信先を調べる方法（アプリ）

iOS（Version15.2以降）においては、「Appプライバシーレポート」から外部送信先を確認することができます。アプリの特性として、単にアプリを起動するだけでなく、実際にユーザーが利用することを想定して、アプリのインストール後の初回起動時に表示される「位置情報」や「トラッキング」などの許諾通知をすべて許諾し、端末を屋外に持ち出したうえで、様々な画面のアクセスや操作を行うことによって、検知される外部送信先数が増える傾向があります。具体的には、iOSの「設定」＞「プライバシーとセキュリティ」＞「Appプライバシーレポート」を選択します（**図表5-6**）。

iOSに比べて、Androidの外部送信先を把握する難度は高くなっています。現時点で最新となるAndroid13までに、アプリ別に外部送信先を確認する機能はOS側からは提供されていません。

図表5-6　iOSでアプリの外部送信先を確認する方法

アプリの開発者に外部送信モジュールの一覧を確認する方法もありますが、一つのモジュールが同時に複数の外部送信を行っているケースもあるため、やはり、実際の通信を検知しないと正確に把握することは難しいです。ここでは紹介しませんが、確認するには技術的な知識が必要で、正確な結果を得るには専門的な知識も必要です。また、アプリが送信するデータは暗号化され、特定できない場合もあります。

5-4-2 外部調査（詳細調査）

外部送信先を網羅的かつ高い精度で調査する方法として、専門事業者が提供するサービスやツールを利用する方法があります。

#	調査手法	送信元	デバイス種別	調査日	アプリVersion	送信先社名	1st/3rd種別	送信目的の種別	主な送信情報	送信目的詳細①	送信目的詳細②	ポリシーURL	オプトアウトURL	オプトアウト影響	ページの言語	その他	規律対象判定	法務確認判定	公表判定(事業判定)
1	自動検知	サービスA	Web	23/04/27		ABC社		必要不可欠	Cookie	このCookieはA社がセキュリティ強化の目的で利用します。	—	https:wwww.xxx.xx/…	https:wwww.xxx.xx/…		英語		必須		公表
2	自動検知	サービスA	App	23/04/27	3.2.3	HIJ社		機能提供用途	広告識別子 位置情報	このCookieは訪問者がどのようにサイトを利用しているのかに関する情報を保存すると同時に、Webサイトの効果分析レポートの作成に使用されます。	—	https:wwww.xxx.xx/…	https:wwww.xxx.xx/…				不要		非公表
3	社内調査	サービスA	Web	23/05/10		OPQ社		広告配信	位置情報	・・・							要検討		要検討
4	社内調査	サービスB	App	23/05/10	1.8.2	XYX社		効果分析	・・・								—		—
・ ・ ・		・・・	—			・・・		認証	・・・										

図表5-7　調査票の完成イメージ

例えば、Webサイトの外部送信として主に用いられるCookieの調査ツールは、海外製のツールが複数あります。無料で利用できるサービスもありますが、検知できるページ数が限定されているほか、国内の事業者が発行するCookieの情報が網羅されていないものも多く、「未分類」に分類されるものも多くあります。

一方、国内の事業者で外部送信規律への対応をうたう事業者も出てきています。Webやアプリの検知に対応しているものもありますが、前提としてタグの実装が必要であったり、検知できるページ数、アプリの検知方法など、特徴が異なったりしています。

金額や特徴を比較したうえで、最適な事業者を選択しましょう。調査票の完成イメージは**図表5-7**のようになります。

5-5 ステップ4 記載基準への対応

5-5-1 共通の記載要件

外部送信規律では、「記載事項」と「記載方法」が細かく定められています（**図表5-8**）。

(1) **記載事項**	① 利用者に関する情報 ② サービス名・事業者名 ③ 利用目的	
(2) **記載方法**	① 分かりやすい表現 ② 視認性への配慮 ③ 容易に確認できるUI	
	通知	即時に表示する （ポップアップなどで確認できる）
	公表	Web:容易に到達できる アプリ:最初に表示される画面

図表5-8　「通知」または「公表」に求められる記載要件

(1) 記載事項

「通知又は容易に知り得る状態に置くべき事項」（記載事項）として、以下が規定されています（電気通信事業施行規則22条の2の29各号）。

> ① 送信されることとなる利用者に関する情報の内容
> ② ①の利用者に関する情報を取り扱うこととなる者の氏名又は名称
> ③ ①の情報の利用目的

①〜③について、それぞれ解説します。

① 送信情報
(送信されることとなる利用者に関する情報の内容)

利用者に対して通知などを行うべき事項として、法令の趣旨を踏まえ、送信される情報がどのような情報であるか、利用者が適切に認識できるように記載する必要があります。送信される情報を単純に列挙することなく、「など」や「その他」の曖昧な表現を安易に使うことは避けるなど、利用者の実態や利便性に合わせて適切に表示されることが望ましいとされています。

なお、具体的な記載例としてJIAA(一般社団法人 日本インタラクティブ広告協会)のガイダンスで、**図表5-9**が示されています。こちらでは、送信される情報を5つに分類し、括弧書きで送信される情報項目の例を記載しています※。

※　総務省のガイドライン解説案のパブリックコメントの結果で「7-3-1 通知すべき事項」の送信される情報について「例えば、『Webサイト閲覧履歴』や『サービス購入履歴』、『商品購入履歴等のような記載粒度で良いとの理解で良いか」という意見に対し、「個別の事案ごとに判断されることになりますが、いただいた記載粒度でも問題ないものと考えられます」との考え方が示されています。

② サービス名・事業者名
(利用者に関する情報を取り扱うこととなる者の氏名又は名称)

(1) 閲覧した内容についての情報（カテゴリー分類、商品名など）
(2) 閲覧の履歴情報（閲覧した日時、URL、リンク元のURLなど）
(3) 購入や行動の履歴情報（購入や申し込みの際の日時、識別番号など）
(4) 閲覧した人や機器を識別する情報（ユーザーID、ブラウザー・デバイス識別子など）
(5) 閲覧した機器の位置についての情報（IPアドレス、GPS情報など）

出典：電気通信事業法における外部送信規律についてのガイダンス（JIAA）

図表5-9　送信情報の記載例

①の情報の送信先となる事業者名称を記載することが必要です。なお、事業者の名称よりもサービス名の方が認知されやすい場合は、サービス名を併記することが望ましいとされています。

③ 利用目的

送信される情報の利用目的を記載する際には、情報送信指令通信を行う事業者（Webサイトやアプリの運営事業者）の利用目的に加え、送信先の事業者ごとに利用目的を記載する必要があります。例えば、インターネット上でマッチングプラットフォームを展開するA社が、業務委託先B社と、第三者提供先C社に利用者の情報を外部送信する場合を考えます。A社は適切なコンテンツを表示する目的で、B社はアクセス解析を行う目的で、C社は広告配信を実施する目的で、それぞれ利用者の情報を利用する場合、A社・B社・C社それぞれにおける利用目的を記載することが求められます。

なお、送信先が数十を超えるような場合、送信目的の記述がそれぞれに異なると、利用者にとって、かえって理解がしづらくなる懸念があります。そのため、あらかじめ送信目的を分類し、その分類を示す方法が有効であると考えられます。

JIAAでは、分類例をガイダンスで公表しています（**図表5-10**）。

「情報送信指令通信ごとに」とある通り、上記①～③は、Webサイトやアプリに埋め込まれたタグや情報収集モジュールごとに記載する必要があります。

図表5-10 送信目的の記載例

(1) 広告、各種情報の配信	a) 自社の広告配信を目的とした広告情報の掲載のため b) 自社の広告事業としての広告を掲載・配信するため c) 他社の広告事業として広告の掲載・配信をするため
(2) 分析	d) 閲覧の傾向や履歴の分析のため e) 広告効果の分析のため f) Webサイトやアプリの監視のため
(3) 外部サービス連携	g) SNSなどコンテンツサービスとの連携のため h) 外部送信プログラムの管理のため
(4) 必要不可欠な用途	i) サービスを適切かつ安全に提供するため j) サービス利便性を向上させるため

出典：電気通信事業法における外部送信規律についてのガイダンス（JIAA）

なお、総務省の解説案では、①〜③の必須項目以外にも、次のような事項は記載することが望ましいとされています。

- オプトアウト措置の有無
- 送信される情報の送信先における保存期間
- 送信元（Webサイト・アプリ事業者）の問い合わせ先
- 利用者に関する情報がどこの国・地域に送信されることとなるか

（参照）通知又は公表における記載事項に関する条文

> (1) 当該情報送信指令通信が起動させる情報送信機能により送信されることとなる利用者に関する情報の内容
> (2) 前号に規定する情報の送信先となる電気通信設備を用いて当該情報を取り扱うこととなる者の氏名又は名称
> (3) 第１号に規定する情報の利用目的
>
> （電気通信事業施行規則22条の2の29）

(2) 記載方法

「通知又は容易に知り得る状態」に置くための方法（記載方

法）として、以下が規定されています（電気通信事業施行規則22条の2の28各号）。

① 日本語を用い、専門用語を避け、及び平易な表現を用いること。
② 操作を行うことなく文字が適切な大きさで利用者の電気通信設備の映像面に表示されるようにすること。
③ ①②のほか、利用者が記載事項を容易に確認できるようにすること。

①～③について、それぞれ解説します。

① 分かりやすい表現

例えば、外国語や専門用語など一部の人にしか理解できない言葉で記載されている場合、利用者が容易に理解できているとは言えず、適切に確認付与の機会を提供しているとは言い難いです。そのため、外国語や専門用語が、一般的な利用者に対する理解の妨げとならないようにする必要があります。

なお、訪日旅行者や、国内に在住する外国人の利用が想定されるサービスの場合は、利用者の視点に立って、日本語だけでなく、外国語を併記することが望まれます。

② 視認性への配慮

画面を拡大するなどの追加的な操作を行うことなく、適切な文字サイズで表示することが必要です。極端に小さい文字や、画面に収まらないほどの大きな文字では、利用者は適切に内容を確認できません。また、Webサイトやアプリの文字色と背景色とのコントラストに配慮し、視認性を高める必要があります。例えば、薄いグレーの背景に白い文字などの視認性の悪いものを避けるべきです。

③ 容易に確認できるUI

記載すべき内容が多い場合、スクロールすることなく端末の画面に全体が表示される程度の分量で概要ページを設け、そこからリンクなどにより外部送信ポリシーページに遷移できるように設計するなど、UI（ユーザーインターフェース）への配慮が求められます。

なお、既にあるプライバシーポリシーや利用規約などの中に外部送信先を記載する場合、外部送信規律に関する内容が含まれることをタイトルや見出しに明記しておくとともに、一括で確認できるようにすることが望まれます。

（参考）通知又は公表における記載方法に関する条文

前項の規定により利用者の電気通信設備を送信先とする情報送信指令通信を行おうとするときは、次の各号のいずれにも該当する方法により、第5項各号に掲げる事項を当該利用者に通知し、又は当該利用者が容易に知り得る状態に置かなければならない。
日本語を用い、専門用語を避け、及び平易な表現を用いること。
操作を行うことなく文字が適切な大きさで利用者の電気通信設備の映像面に表示されるようにすること。
前二号に掲げるもののほか、利用者が第5項各号に掲げる事項について容易に確認できるようにすること。

（電気通信事業法施行規則第22条の2の28第1項）

5-5-2　個別の記載要件

(1)「通知」の場合

「通知」を行う際に、特に求められる記載方法として、以下が規定されています。

●記載事項を容易に確認できるようにすること

具体的には、Webサイトにアクセスした際や、アプリをダウンロード後に初回起動した際、外部送信ポリシーページへのリンクなどを、ポップアップなどで表示することが想定されています。

外部送信に関する情報量が多く、ポップアップなどの限られたスペースで一部しか表示できない場合などは、全部の情報が記載された「外部送信ポリシーページ」へ「容易に到達できるようにすること」とされています。目安として、1クリック（1タップ）程度の操作で、詳細ページにアクセスできるリンクを設置することが必要です。

さらに、ポップアップなどで表示している内容が外部送信規律に関する一部の情報であり、全部の情報が別ページで確認できる旨が、利用者にとってはっきりと理解できるようになっていることが求められています（**図表5-11**）。

なお、現段階においては通知の代表的な例としてポップアップが挙げられていますが、今後メタバースや、IoTデバイスなど、新たな技術やユーザーインターフェースが開発されることや、事業者による創意工夫などを尊重するため、前述の方

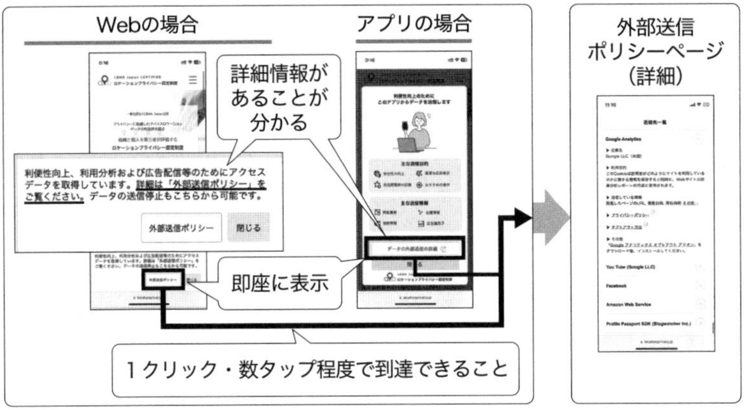

図表5-11　通知の実装例

法と同等以上に利用者が容易に認識できるようにする方法を採用することを可能としています。

（参照）通知における記載方法の個別要件に関する条文

> 利用者に通知する場合には、同項各号に掲げるもののほか、次の各号のいずれかに該当する方法により行わなければならない。
> (1) 次条各号に掲げる事項又は当該事項を掲載した画面の所在に関する情報を当該利用者の電気通信設備の映像面に即時に表示すること（当該事項の一部のみを表示する場合には、利用者がその残部を掲載した画面に容易に到達できるようにすること。）。
> (2) 前号に掲げる方法と同等以上に利用者が容易に認識できるようにすること。（電気通信事業法施行規則第22条の2の28第2項）

(2)「公表」の場合

「公開（容易に知り得る状態に置く場合）」を行う際に特に求められる記載方法として、以下①～③のいずれかに該当する方法が求められています。

> ① 情報送信指令通信を行うウェブページ又は当該ウェブページから容易に到達できるウェブページにおいて、通知すべき事項を表示すること。（同項1号関係）
> ② 情報送信指令を行うソフトウェアを利用する際に、利用者の電気通信設備の映像面に表示される画面又は当該画面から容易に到達できる画面において、通知等すべき事項を表示すること。（同項第2号関係）
> ③ ①と②と同等以上に利用者が容易に到達できるようにすること（同項第3号関係）

それぞれを具体的に見ていきましょう。

①Webサイト：1回程度の操作で閲覧可能にする

Webサイトで外部送信の公表を行う場合、外部送信を行っ

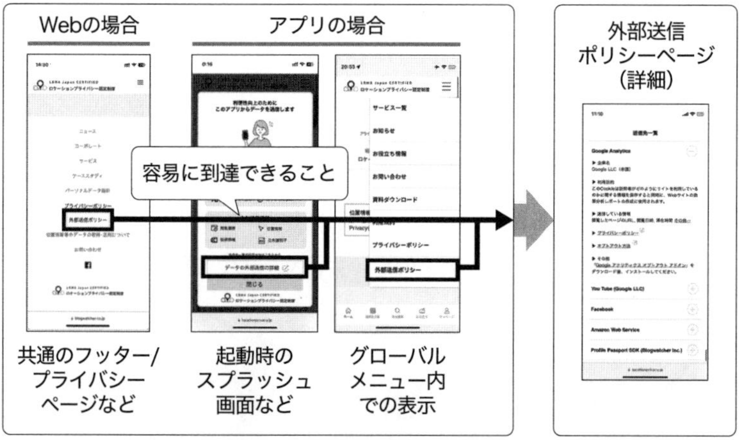

図表5-12　「公表」の実装例

ているページから、1回程度で操作し、外部送信ポリシーページを閲覧できるようにすることを求めています。現実的な対応としては、共通フッターや、共通メニューなどに、外部送信ポリシーページへのリンクを設置するなどの対応が考えられます（**図表5-12**）。

②アプリ：最初に表示される画面、又は、最初に表示される画面から容易に到達できる

アプリで外部送信の公表を行う場合、アプリを利用する際に最初に表示される画面から容易な操作で、外部送信に関する情報が記載されたページを閲覧できるようにすることが求められていいます。具体的には、利用者にとってのアプリの利用体験（ユーザビリティー）の阻害にならない範囲においてホーム画面から数タップ程度で到達できる場所に詳細を記載したページへのリンクを表示する（「プライバシーポリシー」

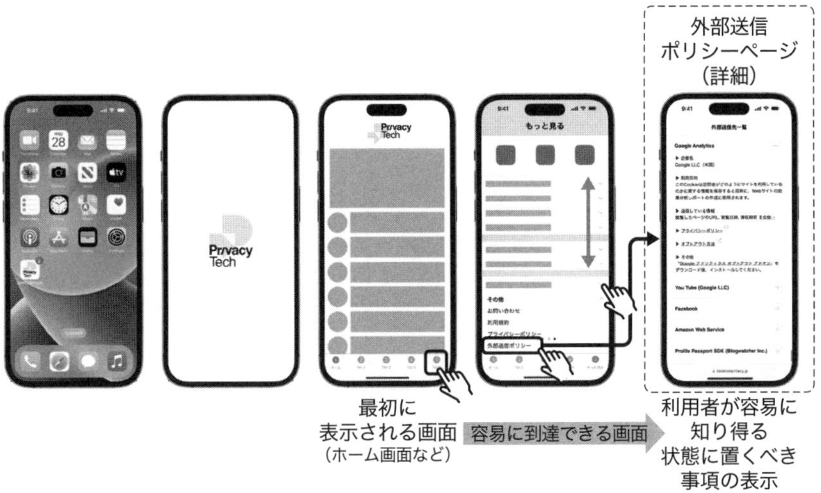

図表5-13　アプリでの「公表」対応における「最初に表示される画面から容易に到達できる画面」の具体例①

や「利用規約」などがある、既存の利用者が所在を想起しやすい場所に設置する）方法があります（**図表5-13**）。

また、起動時にポップアップやスプラッシュ画面などを用いる場合は、詳細を記載したページへのリンクを表示する方法があります（**図表5-14**）。

プライバシーポリシーへの変更や重要な告知などを、ポップアップやスプラッシュ画面を使って実施する場合、必ずしもこれらの画面内において、リンクを表示する必要はありません※。

※　総務省のガイドライン解説案のパブリックコメントの結果で「7-2-3 容易に知り得る状態に置く場合に求められる事項」について「『起動後最初に表示される画面』は単純に起動後すぐの画面という意味ではなく、およそ当該アプリケーションを利用する際に一般的に初期の画面となる画面であることを意図しているということでよいか」、また、「『当該事項を表示する画面へのリンクを記載』とあるが、アプリケーションにおいてはWebページのように単純なリンクを貼り付けること以外にも、複数のメニューボタンを設置し、そのメニューボタンから必要な情報のたどり着く構成が一般的である

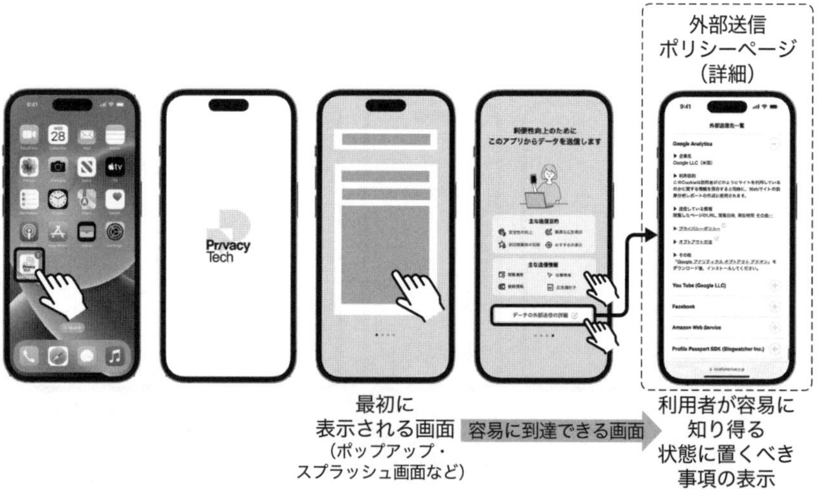

図表5-14　アプリでの「公表」対応における「最初に表示される画面から容易に到達できる画面」の具体例②

と考えられる。単純なリンクではなく、アプリケーション独特のメニューなどのインターフェースによる遷移も可能であるということでよいか」という意見に対し、「ご理解の通りです。総務省のホームページにおいて掲載しているFAQなどにおいて、明確化を検討します」との回答が示されています。

③①・②と同等以上の創意工夫

今後の技術の進展や、事業者による創意工夫などを尊重するため、前述の方法と同等以上に利用者が容易に認識できるようにする方法を採用することを可能としています。

（参照）公表における記載方法の個別要件に関する条文

利用者が容易に知り得る状態に置く場合には、同項各号に掲げるもののほか、次の各号のいずれかに該当する方法により行わなければならない。

(1) 情報送信指令通信を行うウェブページ又は当該ウェブページから容易に到達できるウェブページにおいて、次条各号に掲げる事項を表示すること。

(2) 情報送信指令通信を行うソフトウェアを利用する際に、利用者の電気通信設備の映像面に最初に表示される画面又は当該画面から容易に到達できる画面において、次条各号に掲げる事項を表示すること。

(3) 前二号に掲げる方法と同等以上に利用者が容易に到達できるようにすること。

（電気通信事業法施行規則第22条の2の28第3項）

5-5-3 詳細情報の掲出場所の選定

外部送信ポリシーページに関する情報を、どのページに掲載するのかといった規定はありませんが、総務省が公表して

図表5-15　外部送信規律対応内容の掲出場所

いる解説では、「プライバシーポリシーやCookieポリシー等が既にあり、その中に通知等を行うべき記載をする際には、（中略）本規律に関する内容が含まれること等をタイトルや見出し等に明記しておくとともに、一括して確認できるように工夫することが望ましい」と解説されています。

掲出場所は主に4パターンあります（**図表5-15**）。

最もシンプルな方法は、新規で外部送信に関する情報を集約したページを作成するパターンです。外部送信規律の要件に準拠したページ構成が可能で、通知公表の対応の場合には、外部送信先の増減があった際でも、追加での同意取得が不要であるため柔軟に更新することが可能という利点があります。

他方、「容易に知り得る状態」を担保するため、Webサイトやアプリにおける導線の設計が必要となります。

2つめは、既存の「Cookieポリシー」ページを活用し、名称を「外部送信ポリシー」などと改めて、Webとアプリの外部送信に関する情報を集約して公開するパターンです。Cookieポリシーは、既にプライバシーポリシーや利用規約などからもリンクされていることが多く、このページをそのまま活用することによって、リンク元のURLを変更する手間を減らせる利点があります。

他方、既存のクッキーポリシーでは、外部送信規律の記載要件（送信先サービス名・社名、送信目的、送信情報を、平易な日本語で説明するなど）を満たしていない可能性があります。また、アプリやクッキー以外の外部送信についても、網羅されているか確認する必要があります。

3つめは、既存の「プライバシーポリシー」を活用するパターンです。個人情報やプライバシーに関する情報を集約するページとして最も認知されているため、利用者が想起しやすい利点があります。また、プライバシーポリシーはほぼすべての企業が開示しているため、新たにページを作成する必要がないなど、初回対応が比較的容易となる側面もあります。

一方で、プライバシーポリシーは、一般的には個人情報保護法で求められる「同意取得」の目的を果たしているケースがほとんどです。そのため、内容を改定した際、同意の再取得が必要となる可能性があります。積極的なデータ活用を志向している事業者は、外部送信先に変更が頻繁に生じることが少なくありません。プライバシーポリシーの改定手続きが、柔軟性のある事業推進の足かせとなる可能性があります。外部送信指令を行うツールが自社のWebサイトやアプリで導入・更新されている頻度を踏まえ、プライバシーポリシーに集約するか否かを検討する必要があります。

4つめは、プライバシー関連の情報を集約した「プライバシーセンター」のようなページを活用するパターンです。プライバシーセンターは、利用者に対して、自社がどのようなデータをどんな目的で利用しているかを分かりやすく説明することを目的としており、この文脈の中で外部送信の詳細を掲載することで、利用者に対しての理解がより進みやすくなる利点があり、多くの利用者を抱えるプラットフォーム事業者を中心に導入が進んでいます。このような情報開示の方法は、今後多くの事業者に広がっていくものと考えられます。

5-6 ステップ5 法務・事業部の確認

ステップ5は「法務・事業部の確認」です。ステップ4で作成した記載内容が法令要件に則しているかを確認する「法務・弁護士確認」と、事業の実態に則しているかを確認する「事業部確認」を行います。

法務・弁護士確認

記載した内容を公開する前に、必ず法務部門または顧問弁護士に確認します。なお、一次情報となる総務省のガイドラインやFAQは、不定期で更新されているため、最新のものを確認しましょう。これらを参照しても判断が難しいものは、総務省（総合通信基盤局電気通信事業部消費者行政第二課）に直接照会することもできます。

事業部確認

法務・弁護士への確認の前後で、事業部側に記載内容（特に「送信先」や「利用目的」）に認識の齟《そ》齬《ご》がないかを確認します。利用停止している外部送信先が含まれている場合や、事業部側で把握している利用目的が実態と異なる場合は修正します。

5-7 ステップ6 Webサイト・アプリへの反映

ステップ6は「Webサイト・アプリへの反映」で、外部送信規律に対応した記載情報を公開します。外部送信規律で求められる「容易に確認できる」状態を担保する必要があります。どのような方法で外部送信規律に対応するかによって違いはありますが、ここでは、最もシンプルな「公表」を行う際のプロセスを説明します。

複数のサービスを運営する企業でWebサイトやアプリを外部送信規律に対応させるには、一般的に「誘導元」となるサービス側（Webサイト・アプリなどのサービス運営部門）と、「誘導先」となる外部送信ポリシーページを制作する部門（法務部門やコーポレートサイトの管理部門など）の両部門での調整が必要になってくると考えられます。

サービス運営部門との調整事項として、以下のような事項が想定されます。

サービス運営部門との確認事項例

● 記載要件の共有

- 外部送信ポリシーページのURL/公開日の通達
- 画面遷移・画面イメージのドキュメント提出依頼
- 画面遷移・画面イメージのレビュー期間
- テスト日程の調整
- リリース日の確定

外部送信規律への対応基準はWebサイトやアプリのUIやUXに踏み込んだものとなっていますので、画面遷移や画面イメージなどを、実際に利用者が目にして操作するビジュアルレベルで（サービス運営部門の）担当者が確認することが求められます。

法務部門からサービス運営部門に対応依頼を行う際、記載要件の共有はもちろん、事前に画面遷移・画面イメージの提出を受け、両部門間でレビュー期間を設けることをあらかじめ計画しておくとよいでしょう。また、サービス運営部門の担当者によっては、外部送信規律への対応による、ユーザビリティーやコンバージョンへの影響を非常に気にすることも想像に難くありません。法令対応とはいえ、あくまでビジネスへの直接的な影響は最小限にとどめる必要があるため、本書で示している「通知」「公表」の実装例を示しながら、最適な落としどころを協議していきましょう。

他方、詳細ページを制作する部門との調整事項として、以下のような項目が想定されます。

（参考）サービス運営部門との確認事項

- 記載要件の共有

- 外部送信ポリシーページのコンセプト（ビジュアル・トーンなど）
- 外部送信ポリシーページのURLの確定
- テスト日程の調整
- リリース日の確定

5-8 ステップ7 定期パトロールとアップデート

ステップ7は「定期パトロールとアップデート」です。外部送信先は一度チェックして終わりというわけにはいきません。Webサイトやアプリを改善・向上していくに当たって、新しい送信先の導入が不可欠です。そのため、外部送信規律を順守し続けるには、自社のWebサイト・アプリの定期的な監視（パトロール）と更新（アップデート）が不可欠です。「パトロール・アップデートの頻度」と「パトロール・アップデートの方法」を設計しておきましょう。

理想的なのは、Webサイトやアプリが更新されるたびに、外部送信先を監査し、一覧を更新していくことです。しかし、常に改善を重ね、アップデートを頻繁に繰り返す必要があるサービス運営に当たって、外部送信先の追加削除を一律に制限することや、管理プロセスを社内に導入することは、持続的に運用することを踏まえると、あまり現実的ではないケースもあります。

そこで、Webサイトの場合は数カ月に１回パトロール・アップデートを行う、アプリの場合はメジャーアップデートや最も普及しているバージョンで定期的に実施する、などの取り決めを行うとともに、利用者に対してもその旨をあらかじめ表明しておくことで、透明性や納得感を向上することにつながります（なお、これらの更新頻度の基準については、本書執筆時点（2023年5月中旬）においては総務省から具体的な指針が示されていません。具体的な指針の有無については、総務省のホームページのQ&Aなどを参照してください）。

コラム 2

自社対応か、外部委託か

外部送信規律への対応は、すべて自社で賄うべきか、それとも専門知識を持った外部に委託すべきでしょうか。本書は可能な限り自社で対応できるように記載していますが、実際に対応するとなると、いくつか課題が出てきます。

1点目は「人的リソースやケイパビリティー」の問題です。法令・ガイドラインの学習には相応の時間がかかりますし、関係者の理解を得る手間も小さくありません。

2点目は「技術的課題」です。外部送信先の事実確認には、Webサイトやアプリを動作させながら、実際にどのような通信が発生するか検知していく必要があります。Webサイトの場合はCookie調査ツールなどが比較的容易に利用できますが、アプリの場合は調査方法が限定されており、調査からリスト化を自動的に行うツールはありません。複数の手法を組み合わせて進めていく必要があります。

3点目は「運用の課題」です。外部送信規律への対応は、1度行えばよいというものではなく、継続的に、正しい情報を利用者に提供していくことが求められます。そのため、半期ごとなど、定期的に、外部送信先の再調査や、記載事項のアップデートが必要となってきます。

このような課題に対応するには、主に3つの方法があります（**図表5-16**）。

図表5-16 自社対応で発生する課題に対応する方法

対応方法	メリット・デメリット
同意管理ツールを導入する	<メリット> ●利用者へ「通知」を逐一表示することができる ●GDPRへの準拠が可能 <デメリット> ●Webサイトやアプリへのモジュールの埋め込みなどの開発工数・対応コストや、動作確認の検証コストが発生する ●同意管理バナーの表示方法によっては、ユーザビリティーの低下やデータ取得量が低減する可能性がある
コンサルタントへの依頼	<メリット> ●必要十分な適切な対応が期待できる ●要件定義の段階から丸投げできる <デメリット> ●必ずしも専門家ではないことが多く、学習コスト分が費用に加算される ●初期対応と運用対応は別でコストが発生する ●対応時間によるチャージのため、費用が高額になりやすい
外部送信規律対応サービスの活用	<メリット> ●調査から帳票作成などをまとめて依頼できるため、学習コスト・調査工数を削減できる ●初期調査から定期的な監査まで一貫して対応できるので、常に法令順守の状態を維持することができる <デメリット> ●コストが発生する

Chapter

6 同意取得とオプトアウト

6-1 通知・公表の代替策

ここまでは、外部送信規律で求められる確認機会の付与の方法として、原則となる「通知」または「公表」を説明してきました。これらの方法に加えて、一定の要件を満たした「同意取得」または「オプトアウト」対応を行っている場合、確認付与の機会を代替していると見なされるため、外部送信規律の対象外となります。ただし、外部送信規律の対象外となる要

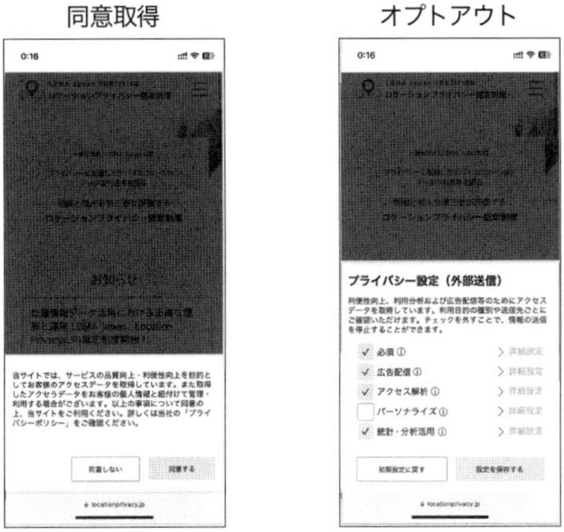

図表6-1　同意取得とオプトアウト（イメージ）

件については、一般的な「同意取得」や「オプトアウト」だけでは満たせない可能性があります。そのため、ここでは、外部送信規律の対応を満たす、同意取得・オプトアウトについて、解説します（**図表6-1**）。

法令上の個人情報には該当しないデータを取得しているとはいえ、取得後に第三者へ提供し、個人データと関連付けを行うケースなどは、個人情報保護法上、原則として同意取得が必須となっています。また、EU（GDPRのePrivacy指令適用対象）圏においては、日本の法令に比べて個人情報に該当するデータの項目が多く（Cookieや広告識別子も個人情報に該当）、かつ、Cookieについては取得時点における同意の取得が必須となっています。これらの制約事項を加味したうえで、自社にとっての最適な手法を選択する必要があります。

本Chapterでは、「通知」または「公表」の代替策となり得る、「同意取得」と「オプトアウト」の実装要件を説明します。**図表**

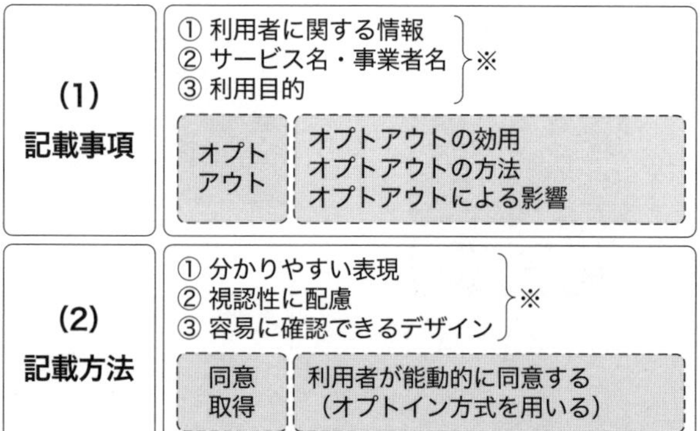

※「通知」または「公表」で求められる記載要件と同じ（参考：図表5-8）

図表6-2　「同意取得」または「オプトアウト」に求められる記載要件

6-2に示したように(1)記載事項と、(2)記載方法については、5-5-1で説明した内容と多くが共通していますので、特に違う点について詳しく見ていきます。

6-1-1 同意取得

同意取得は、一般的な「利用規約」や「プライバシーポリシー」などで利用されているように、Webサイトやアプリを利用する際、文面を表示し、チェックボックスを入れ、同意ボタンを押す挙動をする方法があります。外部送信規律への対応を、現状行っているこれらの同意取得内で包括して対応できる点で合理的です。ただし「同意」を得られるまでは、サービスに訪れた利用者のデータは利用することはできない点には注意が必要です。

情報送信指令通信により外部に情報が送信されることについて、利用者が同意をしている場合、事業者は利用者に対して、同意の取得を通じて外部送信を認識し、かつ選択する機会を利用者に提供していることとなるため、別途、通知などを行う必要はないとされています。

> *第1項の規定は、次に掲げる情報については、適用しない。*
> *(3) 当該情報送信指令通信が起動させる情報送信機能により送信先の電気通信設備に送信されることについて当該利用者が同意している情報*
> *(電気通信事業法第27の12)*

ただし、外部送信規律の趣旨からして、同意の取得は、適切な確認機会の提供となっているものでなくてはならないため、「適切な通知」の実施（5-5-1を参照）、かつ、「適切な同意取得」の方法を取ることが求められます。

「適切な同意取得」として望ましい方法は、利用者の具体的かつ能動的な同意取得です。利用者の利便性を損なわないようにしつつ、利用者の過度な負担とならない範囲で、情報送信指令通信ごと（Webページやアプリに埋め込まれたタグや情報収集モジュールごと）に同意取得することが望ましいとされています。同意するためのチェックボックスをあらかじめ「同意する」状態にしておく方法（デフォルト・オン）は、利用者が能動的に同意を選択したとは言えないため、避ける必要があります（**図表6-3**）。

なお、同意取得が適切であるか否かについては、事業者の取り組みや利用者の知識や理解力をもって変わり得るため、

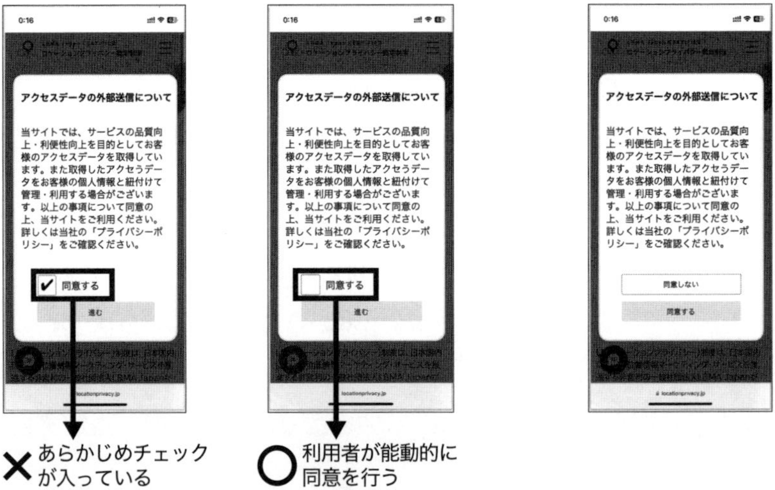

図表6-3　適切な同意取得の例

利用者アンケートや、外部有識者の意見を踏まえて、適正さを判断していくことが考えられます。

6-1-2 オプトアウト

「利用者に対し、情報の送信又は利用を停止する措置を講ずること」、つまり、利用者の意志で情報の送信または利用を停止することを可能とする措置を、オプトアウトと言います。オプトアウトはメールや問い合わせフォームを通じて、利用者からの問い合わせを直接受け付ける方法や、Webサイトのオプトアウトページで、オプトアウトボタンをクリックしたり、チェックボックスで設定したりする方法が一般的です（**図表6-4**）。

オプトアウト措置を講ずることは、利用者に、情報の送信や利用を停止する機会を提供するものであって、実質的に、確認付与の機会を提供しているものと言えます。通知または

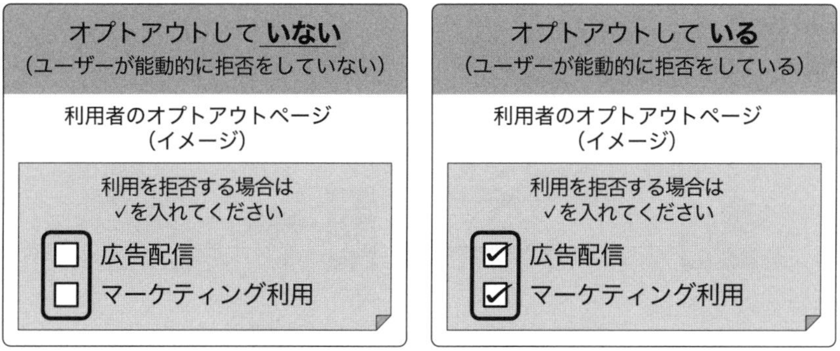

図表6-4　「オプトアウト」の例

公表の代替策となり得る「オプトアウト」の要件は、以下の両方を満たし、利用者がオプトアウトを行っていないことです。

> (1) 利用者の求めに応じたオプトアウトができること
> (2) 所定の事項を利用者の容易に知り得る状態に置いてあること

それぞれについて、詳しく確認していきましょう。

(1) 利用者の求めに応じたオプトアウトができること

①利用者の端末から情報の送信自体を停止する方法と、②利用者の端末から送信された情報を送信先となる事業者側で利用を停止する方法があります（**図表6-5**）。

(2) 所定の事項を利用者の容易に知り得る状態に置いてあること

利用者への開示が求められる事項を以下に列挙します。

> ① オプトアウトを講じている事実
> ② オプトアウトの適用対象
> ③ オプトアウトの方法
> ④ オプトアウトによる制約事項

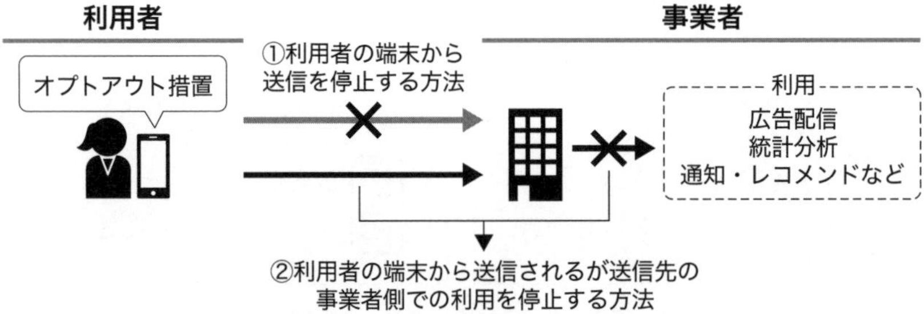

図表6-5　オプトアウトの要件としての利用停止

＜以下「共通事項」と重複する事項＞
⑤ 送信されることとなる利用者に関する情報の内容
⑥ 送信先の事業者の名称
⑦ 利用目的

①の「オプトアウトを講じている事実」は、その事実を利用者が容易に知り得る状態に置くことを求めています。容易に知り得る状態とは、Webサイトの場合は1クリック程度で閲覧できること、アプリの場合は初回表示画面での表示や1タップ程度で閲覧可能にすることなどを言います（「公表」の場合を参照）。

②の「オプトアウトの適用対象」は、前述の（1）の①と②のどちらを停止するものであるのかを明記する必要があります。

③の「オプトアウトの方法」は、利用者のオプトアウト措置の要望を受け付ける方法のことで、例えば以下のような方法が想定されます。

- Webサイト・アプリでのボタンのクリックやタップ
- 指定されたお問い合わせフォームなどを通した要望
- ダッシュボードでの操作（プライバシーダッシュボード、マイページなど）
- リンクの表示

なお、利用者の要望を受け付ける方法として、事業者の連絡先（事業者名、送信先メールアドレス、事業者が外国に本拠地を置く場合は国内代理人の氏名や連絡先など）を開示する方法も含まれます。「ダッシュボードでの操作」の場合は、使い方が分かりづらい場合、具体的な操作方法を示す必要があります。「リンク表示」の場合、他の事業者のWebサイトなどでオプトアウト措置が必要な場合は、そのサイトのリンクを表示することが可能となっています。ただし、リンク先のページが英語などで表現されている場合は、単にリンクを表示するだけでなく、リンク先での具体的な操作方法を、日本語で表示することが必要です。

④の「オプトアウトによる制約事項」は、利用者がオプトアウト措置の適用を求めた場合、サービスの利用が制限される際にその制限内容の明記を求めています。例えば、オプトアウト措置を講ずることによって、ログイン前のIDやパスワードの保存、カートやお気に入りの情報の記憶、また位置情報に基づく自動的な天気情報の表示機能など、Webサイトやアプリの特定の機能が利用できなくなるといったことが想定されます。

⑤～⑦は「5-5-1　共通の記載要件」の「(1) 記載事項」の内容と同じです。

なお、オプトアウト措置を講じていても、利用者がその旨を容易に知り得る状態に置いていない場合は、外部送信規律の適用対象となり、通知または公表による対応が必要となります。

オプトアウトの際は、特に、利用者がオプトアウト措置を求める際に、誤解、不安感、恐怖感を生じさせることがないように、留意する必要があります。また、オプトアウト措置の設定や、方法が変更になった場合、最新の内容を利用者へ十分周知することが望ましいとされています。

（参考）オプトアウトに関する条文

(4) 当該情報送信指令通信が次のいずれにも該当する場合には、当該利用者がイに規定する措置の適用を求めていない情報
イ利用者の求めに応じて次のいずれかに掲げる行為を停止する措置を講じていること。
①当該情報送信指令通信が起動させる情報送信機能により行われる利用者に関する情報の送信
②当該情報送信指令通信が起動させる情報送信機能により送信された利用者に関する情報の利用
ロイに規定する措置、当該措置に係る利用者の求めを受け付ける方法その他の総務省令で定める事項について利用者が容易に知り得る状態に置いていること。（電気通信事業法27の12第4号）

法第二十七条の十二第四号ロの総務省令で定める事項は、次に掲げるものとする。
一　法第二十七条の十二第四号イに規定する措置（以下この条において「オプトアウト措置」という。）を講じている場合にあつては、その旨
二　オプトアウト措置が法第二十七条の十二第四号イ（１）又は（２）のいずれの行為を停止するものであるかの別
三　オプトアウト措置に係る利用者の求めを受け付ける方法
四　利用者がオプトアウト措置の適用を求めた場合において、当該電気通信役務の利用が制限されることとなるときは、その内容
五　情報送信指令通信が起動させる情報送信機能により送信されることとなる利用者に関する情報（法第二十七条の十二第一

号及び第二号に掲げるものを除く。）の内容
六　前号に規定する情報の送信先となる電気通信設備を用いて当該情報を取り扱うこととなる者の氏名又は名称
七　第五号に規定する情報の利用目的

（電気通信事業法施行規則第22条の2の31）

コラム

3 同意取得バナーの問題点

同意取得バナーとは、Webサイトにアクセスした際に、画面上に表示されるバナーのことを指します。同意取得が行われるようになった背景には、EUで導入されたGDPR（General Data Protection Regulation）というデータ保護規制があります。この規制は、EU内で行われる個人に関するデータの取り扱いに関する法律であり、2018年5月25日に施行されました。

GDPRは、EU内の企業やWebサイトが個人に関するデータを取り扱う場合、その利用目的や取得方法、保管期間、提供先などを明確にし、利用者に対して説明することを義務付けています。また、利用者が自分の情報を管理・削除できるようにすることや、Cookieなどのトラッキング技術を利用する場合には、利用者の明示的な同意を得ることが求められています。

そのため、EU内の企業のサイトを皮切りに、多くのWebサイトでCookieの同意バナーが表示されるようになりました。このバナーには、Cookieの利用目的や期限、利用者が同意しない場合の影響などが説明されており、利用者は同意するかどうかを選択することができます（**図表6-6**）。

また、EU以外の利用者に適切な説明を行い、同意を得るために、Cookieの同意取得が進んでいます。これにより、利用者が自分の情報を保護し、安心してWebサイトを利用することができるようになっています。

同意取得バナーは、法令要件を満たす対応方法の一つです

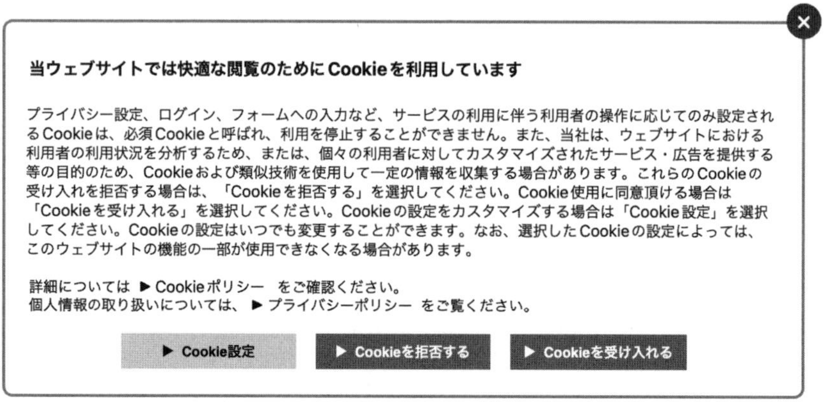

図表6-6　Cookieのトラッキング通知のイメージ

が、日本の現行法（個人情報保護法や電気通信事業法）において、個人情報に該当しないCookieなどの情報の取得には、原則として同意取得は求められていません。

同意取得バナーについては、Webサイトの読み込み時間を遅らせることや、利用者の閲覧体験を損なってしまうことで、不必要にデータの取得量（率）の減少を招くなど、プライバシー保護とビジネスの両立における、実質的な有用性を疑問視する声が、一部の専門家から出てきています。

外部送信規律に対応する目的で同意取得バナーを導入する際、利用者視点・事業者視点において問題が多く、慎重に検討する必要があります。同意取得バナーの問題点を以下に示します。

問題1　利用者に対する負担（コンバージョンの低下）

同意取得バナーによって、利用者が同意しなければならない項目が増えるため、利用者に対する負担が増す場合があり

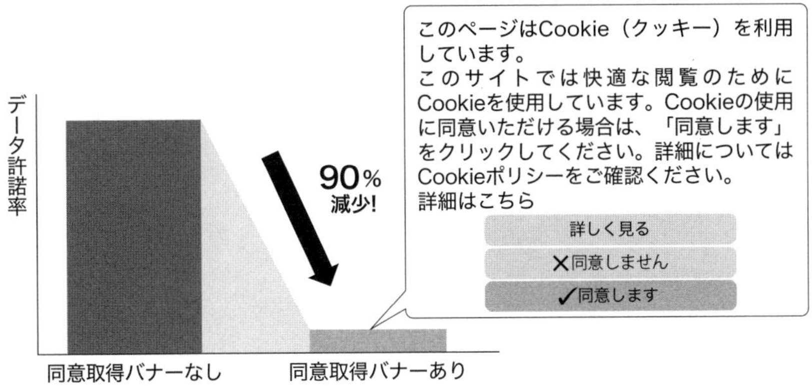

図表6-7　同意取得バナー（CMP）の利用で、データ許諾率は低下する（Cookieの例）

ます。また、同意取得バナーの表示によって、利用者がサイトの閲覧を妨げられる場合があるため、利用者のストレスや不満を引き起こす可能性があります。

問題２　データ取得量（率）の低下

同意取得バナーを表示することで、許諾率が減少するケースが報告されています。例えば、ある調査によると、同意取得バナーを表示した場合、許諾率は約10%にまで低下するという結果が得られました（**図表6-7**）。また、同様の結果が他の研究でも報告されています。

問題３　法令順守が不十分な場合がある

同意取得バナーが、GDPRや外部送信規律で求められる要件を満たしていない場合があります。例えば、同意取得バナーが表示された時点で、利用者に提供される情報が不十分であったり、同意取得バナーが消えてしまう前に利用者が同意しなければならなかったりするケースです。この場合、同意と見なされず、法令要件を満たしていないと判断される可能性があります。

問題4　同意管理コスト

多くの同意取得バナーは、利用目的に応じて、同意を選択できる仕様になっています。一方、同意に基づいた利活用を適切に行っていくために、どの利用者がどのような同意を行ったかを適切に管理する必要がありますが、それを実装するにはデータベースの構築や外部システムとの連携など、多くの開発を伴います。

これらの問題に対する解決策として、Cookieの代替技術の開発が進められています。一例として、Googleが提唱するFLoC（Federated Learning of Cohorts）は、Cookieのようにプライバシーに関連した情報を収集することなく、利用者をグループに分類することで、広告のターゲティングを可能にする技術です。また、Appleが提供する「プライバシー保護機能」（iOS 15以降で利用可能）は、Cookieに頼らない広告ターゲティングを実現するための仕組みが実装されています。

ただし、Cookieは広告配信に不可欠な技術であることから、Cookieの代替技術が普及するまでには時間がかかると考えられています。

そのため、現時点では、単に形式的なプライバシー対応を行うのではなく、国や地域の法令や、自社のサービスの利用者の特性を踏まえ、ユーザー体験の向上とプライバシーを両立した手法の検討が求められています。特に、グローバルで展開しつつも、国内の利用者から得られるデータを積極的に活用することを標榜する事業者においては、国や地域ごとに同意取得バナーを出し分けるなど、戦略的で緻密な対応が必要です。詳しい手法は第3部で説明します。

第3部

外部送信規律の背景にある「プライバシー問題」

Chapter

7 プライバシーガバナンス

7-1 データの利活用に伴い生ずる懸念

ここまで、「外部送信規律」という法令への理解と、具体的な対応について説明してきました。対象事業者に該当する場合は、法令順守（コンプライアンス）という点において対応は必須ですが、なぜ「外部送信規律」という規制が生まれたのか、その背景をよく理解しておくことは重要です。

外部送信規律が誕生した背景には、データ利活用における「プライバシー問題」があります。データの利活用は、利用者と企業の双方にとって、ポジティブなメリットをもたらします。利用者の暮らしや利便性の向上、事業者の社会的価値や収益機会の向上などです。一方で、利用者の気持ち悪さやプライバシー侵害の懸念、事業者のレピュテーションやブラン

	利用者	事業者
ポジティブな側面	暮らしの向上 利便性向上	社会的価値/ 収益向上
ネガティブな側面	不安・気持ち悪さ プライバシー侵害	レピュテーション/ ブランド毀損/ 事業停止・撤退

図表7-1　データ利活用に伴う期待と懸念

ド毀損、事業停止や撤退などの懸念をはらんでいます（**図表7-1**）。

ポイントは、データ利活用におけるリスクは、法令順守だけでは回避できないことです。「法令を守っているにもかかわらず炎上してしまう」ことは珍しくありません。炎上リスクがあるからデータ利活用の面で保守的になる、という悪循環が生まれているケースもあります。

外部送信規律に100％対応したからといって、炎上リスクがゼロになるわけではないと思います。法令違反にならないように注力するのではなく、法令順守は当然として、データ利活用のリスクをいかに回避するか、外部送信規律への対応を機に考えることが大切なのです。

7-1-1　過去の失敗事例

報道やSNSなどで紛糾・炎上が起き、サービスの停止やブランド価値の低下につながったケースを紹介します。海外事例として紹介するTikTok以外は、いずれのケースにおいても明確な法令違反はありませんでした。にもかかわらず、炎上が起きてしまったのです。同じ轍《てつ》を踏まないために、それぞれの事例から何に気を付けなければならないのか、示唆を導き出していきましょう。

(1) Suica乗降履歴の販売

2013年6月、Suicaを運営するJR東日本が、利用者の乗降履歴を日立製作所に販売し、分析サービスを行うと発表しました。この発表に対して利用者からは、「勝手に売ってほしくない」「気持ちが悪い」といった批判の声が相次ぎます。同年7月、国土交通省から事前に説明を行うべきだったとの注意を受けると、マスコミが一斉に取り上げて批判はますます激化しました。そして同年9月、「当面の間は販売を見合わせる」という発表を行う事態にまで追い込まれてしまったのです。

この事案に関連するのは「個人情報保護法」ですが、この件において明確な法令違反はありませんでした。日立製作所に販売したデータには氏名や連絡先情報などの、いわゆる個人情報は除外されており、また、利用者ごとに割り振られるSuicaのIDも別の形に変換されていました。

では、何が問題視されたのでしょうか。それは、データ販売について利用者に、事前に説明されていなかった点です。Suicaの利用規約には、利用履歴を第三者に販売することについての記載はなく、データを販売するに伴って規約が変更されることもありませんでした。また、利用者への告知も行われなかったため、利用者やマスコミが厳しく批判することとなったのです。

JR東日本は、「本人による申請があれば、個別にオプトアウトの対応を行った」と反論しましたが、プライバシーの専門家から「オプトアウトが可能である旨を十分に告知していなかった」と指摘されてしまいました。

乗車履歴は「いつ、どこにいたのか」というプライバシー性の高い情報です。特定の個人が識別される可能性があり、知られたくない不都合な情報が公にされてしまうことへの懸念を、利用者に抱かせてしまったのです。世間からの批判だけでなく、国土交通省からの指摘を受けたJR東日本は、オプトアウトに関する周知を行います。すると、周知からわずか1週間で1万件、１カ月で3万件ものオプトアウトの申請が殺到しました。

利用目的やデータの状態を明確にしたうえで、あらかじめ利用者の許諾を得ていたならば、これほどまでの騒動にはならなかったと考えられます。例えば、「電車や駅の混雑を緩和するため、特定の個人が識別されない形で、乗車履歴を活用したい」という説明が行われていたら、多くの人がデータの活用を許可した可能性もあるのではないでしょうか。

実際、2013年9月にデータの販売を見合わせるとして以来、およそ10年の歳月を経た2022年、JR東日本は「駅カルテ」の販売開始を発表しました。外部有識者などを交えて安心・安全なデータのあり方を検証し、Suicaの乗車履歴を統計データとして、鉄道サービスの向上や地域活性化に役立てようという取り組みです。

JR東日本のWebサイト上には、データがいかに処理されているのか、どの程度の粒度で顧客に提供されているのかなどの詳しい説明とともに、データの活用を望まない利用者に向けた、オプトアウトの手続きに関する案内も行われています。

法令違反をしていないから、いわゆる個人情報を販売していないから、という理由で利用者への説明を怠ったために、炎上という事態を引き起こしてしまいました。結果的に、有効なデータを活用したビジネスの機会は、10年もの間、失われてしまったと言えるでしょう。

(2) JapanTaxiの位置情報提供

2016年以降、日本交通のグループ子会社であるJapanTaxi（現：Mobility Technologies）とフリークアウトは、タクシー搭載型デジタルサイネージ「Tokyo Prime」を展開していました。このシステムは、JapanTaxiのアプリから取得した位置情報をフリークアウトが広告に活用するというもので、明確な法令違反は存在しませんでした。しかし、ある利用者が偶然「Tokyo Prime」の営業資料を目にし、JapanTaxiアプリをインストールすることでタクシー利用後の行動が追跡されるのではないかという懸念をSNSに投稿したことが、炎上のきっかけとなります。

営業資料には、JapanTaxiアプリをインストールした利用者の端末が「Tokyo Prime」に接触すると、その後のWebサイトの閲覧や購入、アプリのインストールなどのオンライン行動を追跡できることに加えて、どのエリアに行ったのか、どの店舗に足を運んだのかなどのオフライン行動をも把握できることが記載されていました。

これを見た人が、「JapanTaxiアプリはタクシーを使ったあと、どんな店やエリアに行ったかまで追跡されるらしくて気持ちが悪い」という内容をSNSに書き込みます。この書き込みを皮切りに「データの利用を許可した記憶がない」「位置情報の利用は配車を行うためだと思っていた」などの投稿が相次ぎ、炎上へと至りました。

実際のところ、JapanTaxiの親会社である日本交通のプレスリリースや、JapanTaxiアプリの利用規約には、フリークアウトと提携し、広告配信目的で位置情報を利用する旨は記載されていました。アプリでは、位置情報取得をオプトインする仕組みが実装されていました。しかし、位置情報利用の可否を選択するページはなく、利用規約の全体に同意するか否かを選ぶのみで、利用規約に同意しないと先に進めない仕様になっていたのです。

タクシーの配車アプリで「位置情報取得の是非」を問われた場合、「タクシーを手配するために必要となる現在位置をアプリやドライバーと共有するために位置情報が用いられている」と考えるでしょう。でも実際は異なり、広告配信に用いられていることが判明し、それが利用者にとって好ましくないサプライズとなってしまったのです。

(3) Yahoo!スコアの算出と第三者提供

2019年6月、Yahoo! JAPANを運営するヤフー（現：Zホールディングス）が、Yahoo! JAPAN IDにひも付く各種データから算出される信用スコア「Yahoo!スコア」のサービス概要を発表したところ、専門家を中心に批判が集まりました。

ヤフーは有識者などの意見を踏まえて、データの取得や利活用の方法を見直しますが、当初予定していたような、数値に応じて特典を付与するなどのサービスを実現することのないまま、2020年8月、Yahoo!スコアの終了を発表するに至っています。

この件においても、明確な法令違反はありませんでした。また、第三者に提供する場合においては、利用者からの同意も取得されています。それでもなお、利用者や専門家からの指摘が相次いだのは、信用スコアという情報の機微の高さと、その機微の高さとは不相応な同意の気付きにくさでした。

Yahoo!スコアは、Yahoo! JAPAN IDにひも付く利用者の多様なサービスの利用履歴から、例えば予約のキャンセル率や、ショッピングの利用実績などを利用して、自動的に算出される仕組みです。ただし、利用者自身が自らのスコアを確認したり、修正したりすることはできません。そして、算出をすること自体については、利用者が自ら設定をオフにしてオプトアウトしない限り、自動的に行われていました。

また、第三者提供についての同意取得は、Yahoo! JAPAN IDを用いてログインする際に実施されていたのですが、導線上、利用者が見逃す可能性の高いものでした。うっかり見逃してしまった場合には、本人の意志が反映されないままに、信用スコアという機微の高い情報が第三者の手に渡ってしまうことになります。

これらの点を指摘されたヤフーは、有識者によるアドバイザリーボードを設置し、Yahoo!スコアの生成をデフォルトオフ、つまり利用者自身が積極的にオプトインしない限りは生成されない仕様に変更しました。さらに、仕様変更前に収集されたデータを破棄することを決めたのです。

Yahoo!スコアは当初、利用者の数値に応じて優待や特典を提供するほか、利用者がスコアの提供に同意した提携先企業のサービスをお得に受けることができるなど、利用者にとっても、提携先企業にとってもメリットのあるサービスを目指していました。しかし、2020年、利用者にも提携先企業にも十分なメリットを提供できないという理由から、サービスの停止に追い込まれてしまいます。

サービスの開始前から、利用者に向けてメリットを含めた詳しい説明を行うとともに、適切に許諾を取得していたら、このような事態は防げたのかもしれません。

(4) 海外事例：TikTok

中国企業ByteDanceの提供するスマートフォン向けアプリTikTokが、各国で使用禁止が呼びかけられるなど、大きく炎上する事態となっており、2023年春の現在も、連日のように報道が続いています。データが不正に取得されているのではないか、適切でない利活用が行われているのではないか、などの懸念の声が上げられています。何が問題なのでしょうか。

事の発端は、2020年6月に発表されたiOS 14にセキュリティー強化機能が搭載されたことでした。この機能は、インストールされているアプリが端末内のどのデータにアクセスしているかを利用者に通知します。iOS 14のベータ版（開発者向け）をインストールした利用者が、TikTokを起動してテキストを入力した際、TikTokアプリがすさまじい速度でクリップボードの内容を読み取っている状況をSNSにアップしました。

この動画は世界中に拡散され、TikTokアプリをインストールすることで、スマートフォン内のあらゆるデータが盗まれるのではないか、との臆測が広まります。実際のところ、TikTokアプリがクリップボードの内容を読み取っているのは、あくまでTikTokアプリ内に限定されるのですが、他のアプリを使用する際にテキストをコピーし、それがクリップボード内に残されていた場合は、その内容にもTikTokがアクセスしていることになります。この点が、プライバシーの侵害につながると指摘されたのです。

TikTok側はスパム投稿を検出するための機能であると説明しましたが、許可なくクリップボード内を読み取っていたという事実は、許容されるものではありませんでした。また、実は2020年3月に専門家からクリップボード内の読み取りを指摘されていたのです。その修正を行うとしながら3カ月を経ても改善されていなかったため、さらなる批判を呼びました。

端末内のデータにアクセスしているアプリは、TikTokに限らず多数存在するそうですが、TikTokが槍玉にあげられたのは、他にもいくつか理由がありました。その一つが、TikTokを運営するByteDanceが中国企業であり、中国の国家情報法に基づいて運営されているためです。国家情報法においては、いかなる人や企業も、国家の情報活動に協力しなければならない旨が示されており、つまりは国家からの指示があれば、利用者に関する情報が開示されてしまうことを示唆しているのです。

それでもなお、10～20代の若者を中心に、世界150カ国で10億人以上が利用しているTikTokアプリですが、米国の政府機関や州政府、大学などを中心に使用禁止が呼びかけられるほか、米国内でのTikTok使用を禁止する法案が可決されるなど、排除の動きが進んでいます。

2022年12月、ByteDance社の社員がTikTokの取材に関係した記者たちの位置情報データを不正に取得し、どのByteDance社員を情報源として記事を書いたのかを特定しようとしていたことが発覚したため、TikTokに対するまなざしは一層厳しいものとなりました。ByteDance社はこの事実を認め、関係者を解雇するに至ります。

スマートフォンなどの端末内部には、個人のプライバシーに関わる膨大な情報が詰め込まれています。アプリの利用履歴やWebサイトの閲覧履歴、位置情報などを分析することで、利用者の趣味や属性はもちろんのこと、勤務地や居住地、職業までもが特定される可能性があります。そうした情報を、TikTokとその運営会社ByteDanceを通じて中国政府が入手しているかもしれないことに、米国政府をはじめとした各所が危機感を募らせているのです。

FBIの長官が2023年3月に開催された公聴会で、TikTokには国家安全保障上の懸念があると述べたことからも、非常に大きなリスクを感じていることは明白でしょう。政府要人のパーソナルデータが盗み見られていたら、あるいは大規模な情報操作などが行われたら、世界を揺るがすような事態に発展する可能性さえ秘めている……利用者の端末に保存されている各種データを外部に送信するということについて、常に慎重になる必要があるのです。

7-1-2 失敗の要因

4つの事例から共通して浮かび上がるのは、利用者に不安や気持ちの悪さを感じさせてしまったこと、そして、サービスや施策が実施される前に「待った」をかける体制が企業内で整えられていなかったことです。

TikTokが記者の位置情報を不正に取得していた他は、いずれのケースにおいても、サービスや施策の行われた当時の法令に対する明確な違反はありませんでした。当然のことながら、各社において法務部門や顧問弁護士などが参画し、サービスや施策の監修を行ったことが想定されます。

それでもなお、炎上という事態を引き起こしてしまったのは、「自分のデータが、自分のあずかり知らないところで、勝手に使われているかもしれない」という嫌悪感や、「データを利活用する過程で、他者に知られたくない自分のプライバシーが、暴かれてしまうかもしれない」といった恐怖感を、利用者に与えてしまっていることです。

いわゆる個人情報ではないから、許諾は取得しているから、プライバシーを侵害する意図を持ってデータへアクセスしているわけではないから……という理由で、法律に抵触していないことを免責にサービスや施策をローンチしても、利用者がデータの提供を拒否してしまえば、あるいは施策やサービスを離反してしまえば、ビジネスは成立しないでしょう。

過去に炎上した企業は、誰もが知るような大手企業です。このような企業ではたいてい法務部門があり、社内外の弁護士への照会などを踏まえてサービスをリリースしています。にもかかわらず「炎上」が発生している要因として考えられるのは、法令対応を受動的、かつ、局所的に捉え、その背景にある本質的な問題、つまりプライバシーへの配慮ができていないことが挙げられます。

根本的なリスク回避には、プライバシー対応を組織的に継続性と実効性を持たせること。そのためには、「企業統治（ガバナンス)」に取り込むことが不可欠です。

以降、そもそもプライバシーとは何なのか（「7-2　プライバシー」）を解説した後で、「プライバシーガバナンス」について説明します。

7-2 プライバシー

7-2-1 プライバシーとは

プライバシーとは、必ずしも、法令で定義されている個人情報だけではなく、それが他者に明かされてしまうことに対して不安や気持ち悪さを抱く、他人には知られたくない情報のことです（**図表7-2**）。

プライバシーを保護する観点で考慮すべき範囲は、消費者保護とプライバシー保護の重要性に基づいて、個人情報保護法上で守られるべき範囲に限定されず、取り扱う情報や技術、

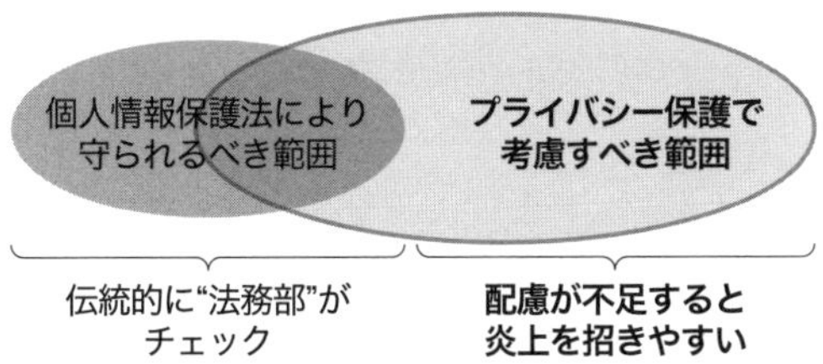

図表7-2　プライバシー
出典：DX 時代における 企業のプライバシーガバナンスガイドブック ver1.2（P15）

取り扱う環境によって変化するため、特段の配慮が必要とされています。

例えば、以下のような事例があります。

- *カメラによって個人に不安や居心地が悪いといった感情を与える。*
- *データが勝手に個人に結び付けられてしまい、個人にとって不利益となる情報も収集されてしまうのではないかという懸念が生じる。*
- *プライバシーポリシーに記載された「目的」以外で利用されてしまい、自分の情報が意図に反して利用されてしまうのではないかとの恐怖と不安が生まれる。*
- *第三者への提供により、二次利用によってさらなるプライバシー問題が引き起こされるのではないかという不安が生まれる。*

（引用：DX時代におけるプライバシーガバナンスガイドブック）

プライバシーへの配慮に当たっては、サイバー空間を介していても、取り扱うのは単なるデータではなく、フィジカル空間の生身の個人と直接向き合っているという事実を改めて認識し、法令を順守していればよい、という観点だけでなく、複眼的な観点で懸念点を洗い出し、対処策を講じることが必要です。

特に、プライバシー上の懸念は、「不安や気持ち悪さといった感情」という、とても抽象度が高く、情緒的になりがちなため、論理的に解決策を導き出すことが難しくなる傾向にあります。

サービスを利用する際、利用者は自分に関する情報を、誰に対して、どのような目的で提供しているのか、ある程度理解・納得したうえで提供しています。にもかかわらず、利用者が

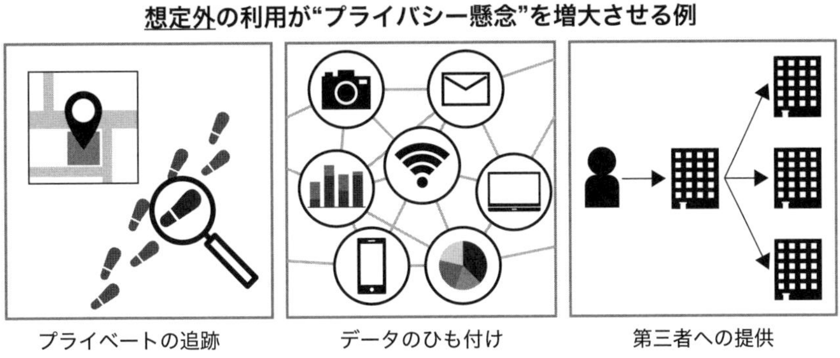

図表7-3　プライバシー懸念を増大させる例

「え？　そんな使われ方するなんて、思っていなかったけど！」「ふつーの感覚で考えたら想定できないし、めちゃ気持ち悪いよね、不安だよね」といった気持ちを抱いてしまうのは、プライバシーへの懸念があるからです。プライバシーへの懸念は、プライベートの追跡、データのひも付け、第三者への提供などによって増大します（**図表7-3**）。

7-2-2 ELSIとは

インターネットの登場に伴い、一人ひとりの個人に関するパーソナルデータ（法令上の個人情報に限定しない、Cookieや位置情報などを含む個人に関するデータ全般のこと）が広範囲で継続的かつ大量に蓄積され、利活用が可能となった昨今、技術革新の発展のスピードが、法規制の改変のスピードを大きく上回ってきています。つまり、法規制だけでは、現行の技術を活用することによる懸念点をすべてカバーできないのは、当然のことなのです。

こうした状況下において、私たちが社会において依拠すべき規範、すなわち倫理原則に適合しているか、そして、社会に受容されるものであるのか、といった視点を思考・整理する際の枠組みの一つに「ELSI（倫理的・法的・社会的課題（Ethical, Legal and Social Issues）の頭文字、エルシーと読む）」があります。

ELSIという概念はもともと、1990年に米国で開始されたゲノム開発プロジェクトに伴って実施された「ELSI研究プログラム」に端を発します。ヒトの全ゲノムが解析され配列が決定されると、社会にどんな影響が生じ得るかをあらかじめ予測し、備えることを目的としていました。

プライバシー上の懸念点を検討するうえで、現行の法規制は順守できているのか、プライバシーへの配慮はあるのか、技術が悪用される可能性はないのか、差別や不公平の生み出されるリスクはないのか、といった観点を熟考する必要があります。このときに、ELSIという概念があることを知っているだけでも、様々な懸念点を整理しやすくなります（**図表7-4**）。

大阪大学社会技術共創研究センター（ELSIセンター）セン

図表7-4　ELSI

出典：朱喜哲氏（大阪大学社会技術共創研究センター（ELSIセンター）招へい教員 作成資料より）

ター長の岸本充生氏は、次のように述べています。

「新しい技術が社会に登場する際、その時点での社会のルールにはそぐわない場合が多々あります。過去にはこうしたズレが事故や事件につながり、技術の推進が難しくなったケース、社会にとっての有益な用途が実現しなかった例も数多くあります。また、民泊やライドシェアサービスは便利なものですが、当時の日本の法律では違法でした。安価なドローンが出てきた際には、航空法が対応していなかったので急遽法改正されました。人事評価が人工知能（AI）によって自動的になされるとしたら違和感を覚える人は多いのではないでしょうか。社会技術が社会に受容されるには新たなルールが必要です。それは法規制である必要はなく、約束事や作法のようなものかもしれません。」

（大阪大学社会技術共創研究センター（ELSIセンター）センター長岸本充生氏）

7-2-3 プライバシーバイデザインとは

「プライバシーバイデザイン（計画的なプライバシー対策；PbD）」とはビジネスや組織の中でプライバシー問題が発生する都度、対処療法的に対応を考えるのではなく、ビジネスモデルや技術、組織の構築の最初の段階からプライバシーを考慮した検討を行う取り組みのことで、以下の5つのコンセプトに基づいています。

1. プライバシーに対して関心を持ち、その問題を解決しなければならないことを認識する。
2. 公正な情報取り扱い（Fair Information Practices（FIPs））の

原則を適用する。
3. 情報技術とシステムの開発時に、情報ライフサイクル全体を通したプライバシー問題を早期に発見し軽減する。
4. プライバシーに係る指導者や、有識者からの情報提供が必要である。
5. プライバシー保護技術（PETs）を取り入れ、統合していく。

さらに、プライバシーバイデザインの７つの基本原則を実践することで、「プライバシーの確保」「個人の自己情報に対するコントロール」「組織の持続可能な競争的利点の獲得」を達成できるとしています。

プライバシーバイデザインのコンセプトは、個人情報保護の観点から見れば、個人情報を保護するために非常に重要ですが、利用者の信頼を獲得するためにも欠かせない考え方で

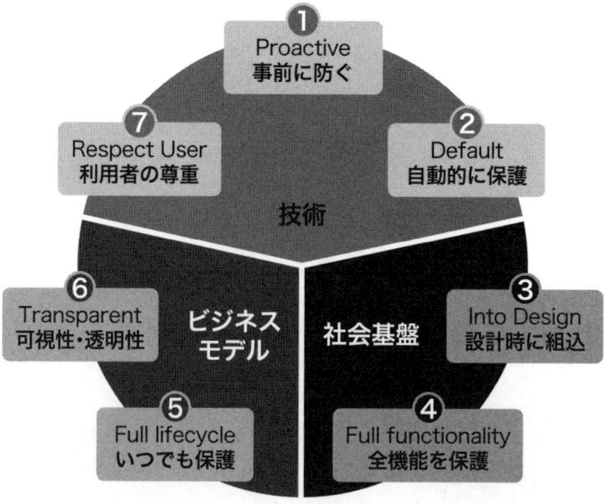

図表7-5　プライバシーバイデザインの７つの基本原則

す。企業や組織がプライバシーバイデザインを実践することで、利用者にとって安心で信頼できる製品やサービスを提供することが可能となります。これらのコンセプトに基づき、プライバシーバイデザインでは、以下の7つの原則を定めています（**図表7-5**、「Privacyby Design 7つの原則」と「DX時代における企業のプライバシーガバナンスガイドブックver1.2」を基に著者が作成）。

① 事後的ではなく、事前的。救済的ではなく予防的 (Proactive, not Reactive; Preventative, not Remedial)

プライバシーに関する問題に対処するのではなく、新しいシステム、プロセス、または製品の設計の初めからプライバシーを考慮することが重要である。

② 初期設定としてのプライバシー (Privacy as the Default Setting)

プライバシー保護が初期設定で有効化されていること。利用者がプライバシーを保護するために利用者が何もしなくてもプライバシーが保護される状態（利用者がプライバシー保護のために何か特別な手順を踏むことを不要とすること）。

③ デザインに組み込まれるプライバシー (Privacy Embedded into Design)

プライバシーに関する機能や保護措置は後付けするのではなく、システム、プロセス、または製品の設計の一部として構造的に組み込まれること。事後的に付加機能として追加するものではなく、中心的な機能であること。

④ 全機能的（機能とプライバシーは両立可能であるべき）（Full Functionality - Positive-Sum, not Zero-Sum）

プライバシー保護の仕組みを設けることによって、利便性を損ねるようなトレードオフ（ゼロサム）の状態となるのではなく、すべての機能に対して、有益に働くアプローチを目指すこと。例えば、プライバシーを尊重することが、顧客満足度向上やより良い評判、商業的利益の向上、企業価値の向上につながるなど、事業者にとって合理的なものとして取り組む。

⑤ 最初から最後までのセキュリティーデータのライフサイクル全体でプライバシーを保護（End-to-End Security）

個人に関する情報が収集された時点から、保管、利用、共有、破棄まで、その情報のライフサイクル全体でプライバシー保護を行うことが重要。

⑥ 可視性と透明性 - 利用者への透明性・公正性と選択機会の明示（Visibility and Transparency）

個人に関する情報が収集され、利用、共有、保護される方法について、利用者に透明性と公正性を提供し、選択肢を明確にすることが重要。

⑦ 利用者のプライバシーの尊重 - 利用者中心主義を維持する（Respect for User Privacy）

プライバシーに関する設計上の決定において、利用者のプライバシーを最大限に尊重し、利用者を主体に考えること。また、事業の設計者及び管理者に対し、利用者へのプライバシー保護を実現するための権限を付与すること。

これらの原則に基づいて、製品やサービスの開発段階からプライバシー保護を考慮した設計を行うことは、プライバシー問題への場当たり的な対応ではなく、事業開発から運営における一連のプロセスにおいて一貫したスタンス・知見を踏まえた建設的かつ持続的な対応につながります。

7-3 プライバシーガバナンス６つの施策

変化のスピードが速い時代、企業は法令順守をするだけでは不十分であり、「プライバシー」の観点を熟考するために「ELSI」のフレームを用いることや、「プライバシーバイデザイン」の基本原則を取り入れることは重要です。ただ、これらの観点に基づいて各担当者の見識を上げていくだけでは根本的なリスク回避にはなりません。プライバシー対応を組織的に継続性と実効性を持たせるためには、企業統治（ガバナンス）に取り込むことが不可欠です。

プライバシーに関する多様なリスクを適切に管理し、信頼の確保と企業価値の向上につなげるため、企業のトップが積極的に取り組み、持続可能な指針や体制を構築することをプライバシーガバナンスと言います。プライバシーガバナンスでは、企業の法務部や顧問弁護士、利用者やクライアントはもちろんのこと、社外の第三者や一般の消費者など、多様な人々の声に耳を傾け、法令だけではなく、世論や心情、プライバシーに配慮した商品やサービスを創出することが重要です。

ビジネス戦略の策定から体制構築、業務プロセスの再構築や行動規範の策定、組織風土の醸成、ステークホルダーとのコミュニケーションに至るまで、経営戦略上の重要テーマとして位置付けられる課題です。

そのため、経営者が積極的にプライバシーガバナンスの遂行にコミットし、第三者視点でプライバシー対応に必要な施策をまとめ、組織全体でプライバシー問題に取り組む方針を策定する体制を構築することが、最初に取り組むべき課題となります。

次に示す「プライバシーガバナンスの主要6施策」を参考に、以下、順に説明します。

プライバシーガバナンスの主要6施策

施策（1）第三者視点の取り入れ（有識者・学術関係者・コンサルタント）
施策（2）方針策定（プライバシーガバナンスに関わる姿勢の明文化）
施策（3）体制の構築
施策（4）プライバシー監査の仕組み化
施策（5）教育・啓発
施策（6）ステークホルダーへの透明性・選択機会の提供

7-3-1 施策（1）第三者視点の取り入れ（有識者・学術関係者・コンサルタント）

パーソナルデータの活用におけるガバナンスのあり方が、事業者の主観的な判断や意思決定に偏らないよう、社外の第三者からの客観的な視点を交えたアドバイザリーボードや諮問委員会の設置を通じて、議論を継続的に行うことが有効です。一般の消費者からの見え方としても、企業が単独でプライバシーガバナンスを行うだけでなく、中立的な第三者が介在することが、ガバナンスの実効性への信頼を得ることにつながります。

プライバシー検討における社会的な観点は、技術進化や世の中の空気感、市場動向など、時間の経過や文脈で移り変わりやすいものです。そのため、プライバシーや技術の社会活用上の課題に詳しい有識者（学識者、コンサルタント、弁護士、消費者団体など）から、客観的かつ忌憚のない意見を適宜（プライバシーガバナンスの構築前、構築過程、構築後）取り入れることが、実効性のあるガバナンスを構築するうえで、非常に重要です。

7-3-2 施策（2）方針策定（プライバシーガバナンスに関わる姿勢の明文化）

多くの企業には「企業理念（ミッション・ビジョン・バリューなど）」や、様々な規約・規定（プライバリーポリシー、外部送信ポリシー、社内規定など）があるでしょう。プライバシーガバナンスに関わる姿勢を明文化するために、企業理念

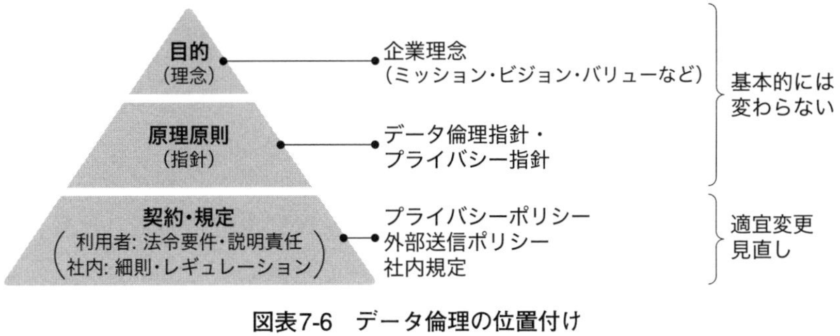

図表7-6　データ倫理の位置付け

と規約・規定の間に「データ倫理指針・プライバシー指針」を置きます（**図表7-6**）。

データ倫理指針・プライバシー指針は、データの収集、利用、共有において、倫理的に適切な行動をとるために策定します。具体的には、個人情報保護やセキュリティー、透明性、フェアネス、アカウンタビリティー、社会的責任など、多くの倫理的な問題をカバーすることが含まれます。こうした指針を策定することで、以下のような効用が期待できます。

① プライバシー保護とデータ活用の両立

データ倫理指針・プライバシー指針を策定することで、あらゆるデータ利活用や技術開発において、プライバシーへの配慮のスタンスを、社内外に公言することとなります。これにより、事業の意思決定時の判断基準や優先度、プライバシーガバナンスの策定・推進における原理原則を明確にすることができます。

② 法的＋倫理要件の順守

データ倫理指針・プライバシー指針には、法的要件の順守はもちろん、必ずしも法令ではカバーすることができない、倫理観点や社会的観点が含まれています。企業や組織を法的なリスクから守るだけでなく、倫理的・社会的影響へ考慮することにより、社会的責任を果たすことにもつながります。

③ ビジネス推進力の強化

データ倫理指針・プライバシー指針を策定することは、ビジネスの推進力強化につながることがあります。例えば、企業理念の実現のためにデータ利活用を推進し、そのためにプライバシー保護を前提条件にするなど、構造を明確にすることによって、組織内で対立構造に陥りがちな「事業・研究開発部門」と「ガバナンス部門」の関係を改善していくことなどが期待できます。

④ ステークホルダーからの信頼の醸成

データ倫理指針・プライバシー指針を表明し、適合していく取り組みを推進することで、利用者や株主からの信頼を醸成することにつながります。また、利用者が、どのような原理原則に基づき、自分のプライバシー情報が適切に管理されているかを知ることで、企業や組織の取り組みのほか、細則としてのプライバシーポリシーなどへの理解が深まり、信頼を得ることができます。

データ倫理指針・プライバシー指針の例として、以下のようなものがあります。

Google プライバシーとセキュリティの原則

1. ユーザーのプライバシーを尊重する。
2. 収集するデータの内容とその目的を明確にする。
3. ユーザーの個人情報を決して販売しない。
4. ユーザーが自分のプライバシーを簡単に管理できるようにする。
5. ユーザーが自分自身のデータを確認、移動、削除できるようにする。
6. Googleサービスに業界最高水準の強固なセキュリティ技術を導入する。
7. すべての人のオンラインセキュリティを強化するための模範を示す。

出典：https://safety.google/intl/ja/principles/

NTTドコモ　パーソナルデータ憲章 ―イノベーション創出に向けた行動原則―

お客さまとのコミュニケーションを大切にし、透明性を確保します
- お客さまの利益や社会への貢献を考えます
- お客さま一人ひとりの意思を尊重します
- パートナーとの連携にあたってもお客さまのプライバシーに配慮します
- 適切なセキュリティ対策により、お客さまのパーソナルデータを保護します
- お客さまのプライバシー保護のための体制を整備し、運用します

出典：https://www.docomo.ne.jp/utility/personal_data/charter/

ソニーグループ　AI倫理ガイドライン

1. 豊かな生活とより良い社会の実現
2. ステークホルダーとの対話
3. 安心して使える商品・サービスの提供
4. プライバシーの保護
5. 公平性の尊重
6. 透明性の追求
7. AIの発展と人材の育成

出典: https://www.sony.com/ja/SonyInfo/sony_ai/responsible_ai.html

7-3-3 施策（3）体制の構築

(1) プライバシー保護責任者の指名

プライバシーガバナンスを推進するための組織を設立し、

役割や責任を明確化することで、プライバシーガバナンスの実施を効率的に進めることができます。また、プライバシーガバナンスに関するルールや規定を策定することも重要です。

プライバシー保護責任者（DPO: Data Privacy Officer）は、経営者が明文化した方向性やスタンスを踏まえて、実行に必要とされる権限に基づき、実践のための方針を確立し、プライバシーリスクを把握・評価、対応策の検討できる体制を構築して、施策の実行を徹底します。施策の内容には、実際にプライバシー問題が顕在化してしまった場合の、緊急時対応や利用者の救済、原因解析と改善の実行責任などの役割が期待されます。

また、プライバシー保護責任者の下に、事業部とリスク部門のそれぞれにプライバシー観点での、実質的なプライバシー保護を担う機能を二線構造で設置する方法があります（**図表7-7**）。

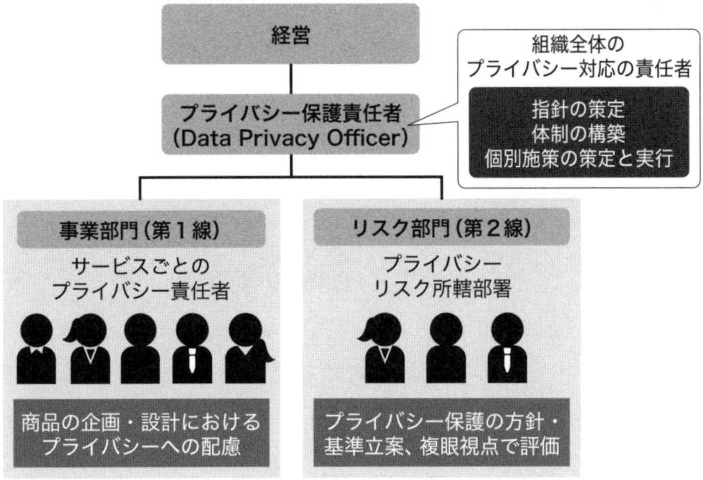

図表7-7　体制の構築

事業部門（第１線）には、商品やサービスの企画・設計段階からプライバシーへの十分な配慮ができるよう、プロダクトや施策の責任を持つ人物をプライバシー責任者に任命します。他方、リスク部門（第２線）に、全社のプライバシー保護の原理原則から細則など、専門的な知識を有した専任者を配置する方法があります。

専門的な知見を有する専任者の確保が困難な場合には、兼務の従業員のみで保護組織を構成することや、外部のコンサルティング事業者のリソースを活用するなど、自社の状況に合わせて実効性のある組織を構築することが大切です。

(2) 事業部門（第1線）の役割

事業部門は、自部門で取得・利活用を行うデータやサービス、または営業活動に用いる資料などに、プライバシー問題を引き起こす懸念がないか、当事者として確認をする必要があります。

特に、一般消費者や顧客企業と直接接点を持つ場合、データがどのように取得・分析・利活用されるのか、一連のプロセスを正確かつ俯瞰《ふかん》的に把握するとともに、プライバシー侵害になり得るケースを想定し、その対策などを検討することが求められます。

さらに、対象者の属性（理解力・受容性）を踏まえたうえで、データ提供やサービスを利用する目的・文脈を高い解像度で理解し、生じ得る不安や気持ち悪さを、たとえ事業の目的（利益獲得やコンバージョン向上）と相反する場合であっても言語化し、懸念をプライバシー責任者や第2線のリスク部門にエスカレーションすることが求められます。

また、一般消費者との接点がある場合には、カスタマーサポート部門などとの連携や、製品・サービスのレビュー（アプリストアのレビューなど）、SNS上での消費者による情報発信などにも目を配り、日頃から消費者の反応を把握しておくことが望まれます。

(3) リスク部門（第2線）の役割

プライバシー保護組織の第一の役割は、企業内の各部門から、パーソナルデータの取得・利活用に関する新規事業やサービス内容に関する様々な情報を集約することなどにより、プライバシー懸念を事前に、漏れなく見つけ出すことです（**図表7-8**）。

特にリスク部門（第2線）は、事業部門（第1線）などから寄せられるプライバシーに関連した相談を受身の姿勢で待っているだけでなく、事業部門に対して能動的にプライバシー関連トピックスの発信や知見の展開、教育啓発の実施を行うことが期待されます。また、事業部側の担当者が、「リスク部門に確認をするとやぶ蛇になるからやめておこう」「時間がかかるだけだから相談

1. 社内の情報の集約・リスクの検知

2. 相談者に寄り添い、実現方法を多角的に検討

3. プライバシーに関する知見・ノウハウを積極的に発信

4. 社内外の有識者（学識者・弁護士・コンサルタント）との連携

5. 社内の相談案件や対応結果を蓄積、ノウハウ化

6. 有事の際の迅速な対応など

図表7-8　リスク部門（第2線）の役割
出典：「DX時代における企業のプライバシーガバナンスガイドブックver1.2」を基に著者作成

は最低限にしておこう」などの理由で、懸念点をうやむやにしてしまう事態を避けるため、自由に議論できる相談チャネルの開設や、フラットなコミュニケーションの形成が大切です。

さらに、プライバシー懸念が顕在化した際、紋切り型で良しあしを判断するのではなく、相談者の目的や意図に寄り添い、社内外の対応事例のほか、省庁や業界団体のガイドラインやパブリックコメントなどを参照したうえで、蓋然性の高い回避策を提案・検討していくことが求められます。

この際、場合によってはクリエーティブ開発やUI/UXの改善提案、業務プロセスの改善提案など、単なるリスクガバナンスの範囲を超えた、多角的な対応策の提案・検討が、データ利活用を進めるプライバシーガバナンスの実行につながります。

ただし、一人の人材が、ビジネススキームの観点から、法制度やコンプライアンス上の観点、システム上・情報セキュリティー上の観点を網羅することは事実上不可能です。

そのため、必要に応じて、新規事業や新規技術を開発する部門と共に、関係する法務、システム・情報セキュリティー、広報、カスタマーセンター、社内統制などとの連携（場合によっては社外のリソースも活用）を図ることが重要です。それぞれの部署の担当メンバーを決めておくなど、柔軟かつ迅速に必要なメンバーを招集できる体制を担保しておくことが望ましいでしょう。

この体制を構築することによって、従来のように「リスクはリスク部門に任せる」という投げやりの対応ではなく、事業側がプライバシー対応を主体的に考え、責任を持つスタンスの醸成が期待できます。

7-3-4 施策（4）プライバシー監査の仕組み化

プライバシーバイデザインの考え方に基づき、商品やサービスの企画・設計段階からリリースまでのそれぞれの段階において、プライバシー観点での検討が抜け漏れなく実施される仕組みの導入が考えられます（**図表7-9**）。プライバシーリスク評価（PIA：**P**rivacy **I**mpact **A**ssessment）は、パーソナルデータのプライバシーに関わるリスク分析・評価・対応方法を検

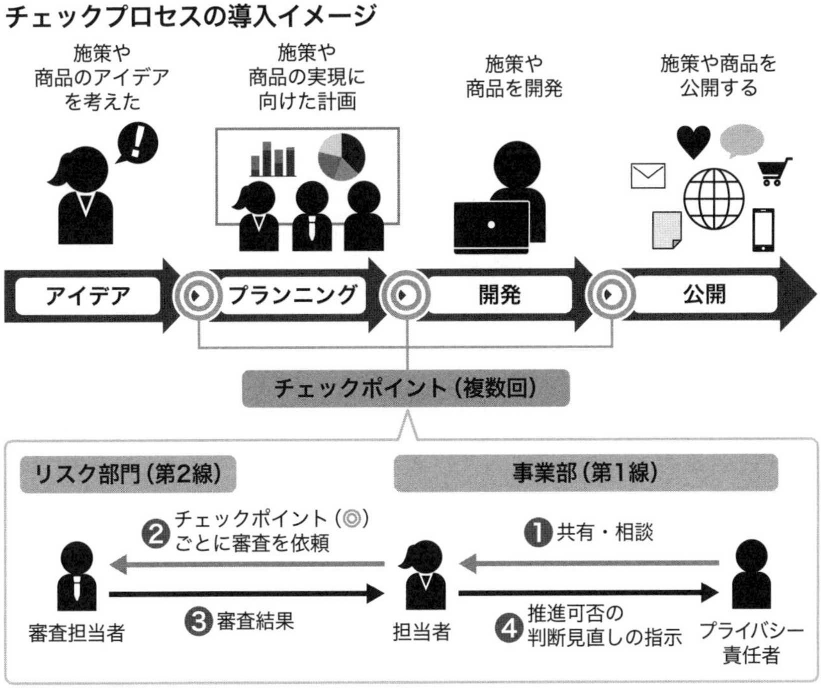

図表7-9　プライバシー監査の仕組み
（参考：株式会社リクルート プライバシーセンター）

討する、最も一般的な手法です。PIAはISO/IEC 29134:2017で規定される「PIA の実施プロセス及び PIA 報告書の構成と内容」についてのガイドラインを参照しながら、自社の事業内容や業務プロセスに応じて設計することができます。

一方、プライバシーリスク監査の一律的な導入は、事業スピードの阻害につながり得るため、パーソナルデータの利活用を行う案件をパターンごとに類型化して、監査対象となる案件と、対象外となる案件の基準を明確にすることが求められます。

また、一定期間運用して得られた事例を基に、チェック観点や審査項目をテンプレート化することや、審査結果を「判例」として公開していくことで、相談者が検討時に考慮しておくべき内容を明確化しておくことなどが理想的です。

なお、実際には、企業内で既に構築されている、セキュリティーチェックなど、他のリスクを評価する体制や運用フローに準ずることが効率的な場合があります。

また、商品やサービスの企画・設計を行う際の基準として、法令の枠組みでは網羅できないプライバシーの観点を追加することが有効です。具体的には、「倫理観点」「社会的観点」を監査項目として導入する方法が考えられます。

7-3-5 施策（5）教育啓発

プライバシーガバナンスに関わる体制や運用を実質的に機

能させていくには、全社のプライバシーガバナンスの方針や規定、社外と約束している内容について、組織全体へ浸透させ、プライバシーリスクに相互啓発的に対応できる企業文化を組織全体で醸成していくことが不可欠です。そのためには教育・トレーニングを実施することで、従業員にプライバシーガバナンスに関する知識やスキルを実装することが重要です。

データは、専門知識を持ったデータサイエンティストなどでないと、そもそもデータを処理することや、そこから意味を見いだすことはできません。一方、万が一、データサイエンティストが、何らかの悪意や、何らかのプレッシャーや忖度《そんたく》をして、違法性のあるデータ処理や、データの分析結果をねじ曲げていたとしても、分析の依頼者はその結果を信じるしかありません。

つまり、プライバシーガバナンスにおいては、社内規定や審査プロセスを設けること以上に、最前線でデータを操るデータサイエンティストや企画担当者が、依頼者が想定しているような結果が出なくても、その結果を率直に、ありのままに説明することの責任を自覚し、行動につなげることこそが、何よりも重要なのです。

こうした意味において、ガバナンスの本質は、現場の従業員の高い倫理観と、個人の倫理観の自律的な発露が奨励される組織風土の醸成にほかなりません。

なお、ELSIのフレームでプライバシーを検討する際の社会的観点は日々変化するため、最新の事象や事業内容に合わせた教育が必要です。以下に、企業文化を醸成する取り組み例を示します。

- 定期的な e-learning や研修教育
- 社員必携の冊子などの中で、プライバシー問題に対する姿勢に言及
- プライバシー問題に対する方針と連動したハンドブックなどの配布
- プライバシー保護責任者の活動を社内広報するなどの啓発活動
- パーソナルデータを取り扱う部署に対し、教育を集中的に実施
- 新入社員配属時、部署移動時のタイミングでの教育サポート
- 定期的な配置転換（ジョブローテーション）の対象組織として、プライバシー保護組織を入れる

7-3-6　施策（6）ステークホルダーへの透明性・選択機会の提供

利用者にとっては、自分のデータがどのように登録され、どのように取り扱われているのかが不透明なことが多く、懸念を抱くことがあります。例えば、ある利用者が自分のCookie情報が企業でどのように使われているのかを気にしているとします。この利用者が利用している企業のプライバシーポリシーを参照しても、当該情報がどのように定義され、どのように取り扱われているかが分からない場合、不安が残ることになります。

透明性・選択機会の向上は、パーソナルデータの収集・利

用・共有・保存に関する情報を明確にすることにより、利用者が自分のデータがどのように扱われているかを理解し、プライバシー保護に対する意識を高めることです。

データプライバシーの透明性とは、個人情報の収集・利用・共有・保存に関する情報が、利用者に適切な方法で提供されることを指します。透明性が高い場合、利用者は自分のデータがどのように収集され、どのように利用されるかを理解することができ、それに基づいて自分のプライバシーを保護するための適切な対策を取ることが可能となります。

また、企業や組織が透明性を高めることは、利用者の信頼の獲得につながります。利用者は、自分のデータが適切に管理されているかどうかについて疑問を持つことがありますが、透明性が高い場合は、そのような疑問を解消することができます。透明性が高い企業や組織は、個人情報保護に真剣に取り組んでいるというイメージを与えることができるでしょう。

具体的な方法としては、個人情報の取り扱いに関するポリシーや通知を提供すること、データの収集や利用に関する選択肢を提供すること、データの収集や利用に関する説明を提供することなどがあります。これらの方法を実践することで、透明性を高めることができます。

また、「選択機会の提供」とは、利用者がサービスを利用するうえで必須ではない施策を実施する際、オプトイン/オプトアウトなどを通じて、利用者自身のデータの提供有無や利活用可否を選択できるようにすることです。

参考 利用者への透明性を向上する方法

利用者に向けてプライバシーポリシーやプライバシーセンターなどを通した説明を行う際、法的観点での網羅性を満たしたうえで、「分かりやすさ」「気付きやすさ」が求められています。では、どうなっていれば「分かりやすい」「気付きやすい」と言えるのでしょうか。大事なことは、それらを判断するのは利用者だということです。そのため、利用者からの反応やフィードバックを受け、常に改善し続けることが必要です。

文字のみでぎっしり記載されたポリシーは、ひと目見ただけで読む気がなくなってしまいます。こうしたポリシーを書いている企業は「読まずに同意した利用者の責任」と考えているのかもしれませんが、企業の責任を逃れることはできません。それは、これまで起きたデータの炎上事例を踏まえると、火を見るよりも明らかです。先に、駄目なケースをお見せしましょう。「1．説明が抽象的」「2．説明が難解」「3．導線が複雑」「4．どさくさまぎれのオプトイン」などは、分かりづ

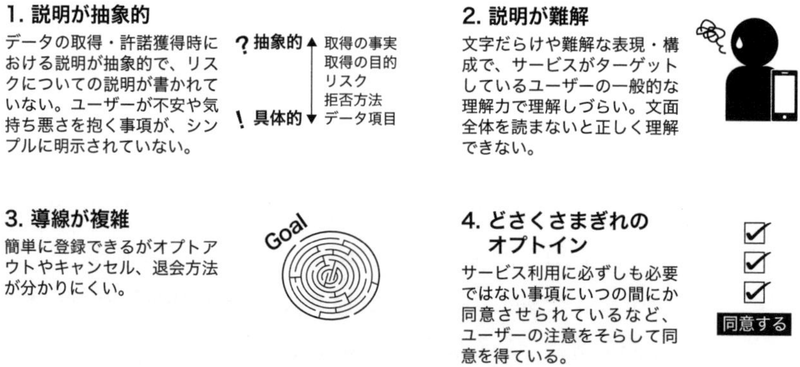

図表7-10　分かりにくい・気付きにくい例

らいですし、気付きづらいです（**図表7-10**）。

様々な利用者に対して、分かりやすさ・気付きやすさを向上するアプローチとして、以下の2つの方法を組み合わせる必要があります。

①分かりやすい説明

文章で説明する際、一般的な利用者の注意力・理解度でもって、データがどのように利活用されているのかが伝わらないといけません。「文字がぎっしり詰まっている」「抽象度が高くイメージできない」「専門用語や難しい表現で書かれている」、こうした説明は「分かりやすい」とは言えないです。「空白や改行が効果的に使われている」「利用目的が具体的に記載されている」ようにします（**図表7-11、図表7-12**）。

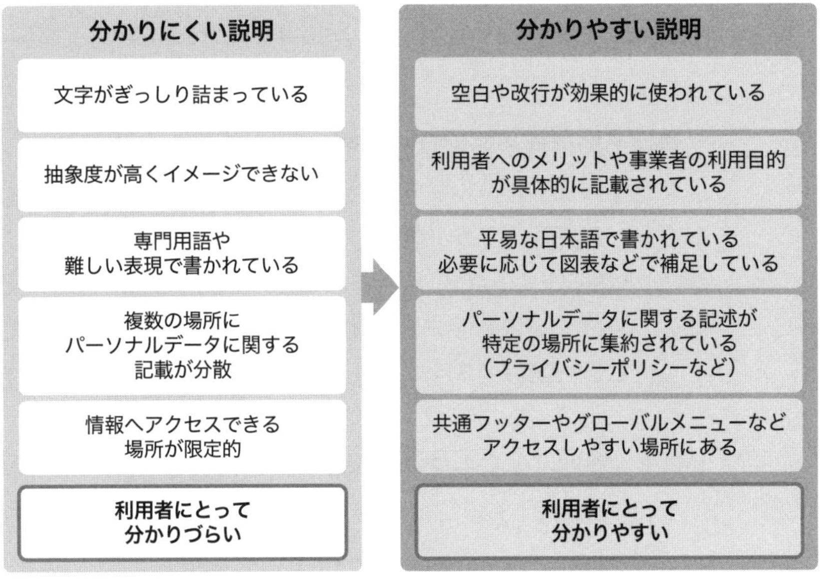

図表7-11　分かりにくい説明と分かりやすい説明

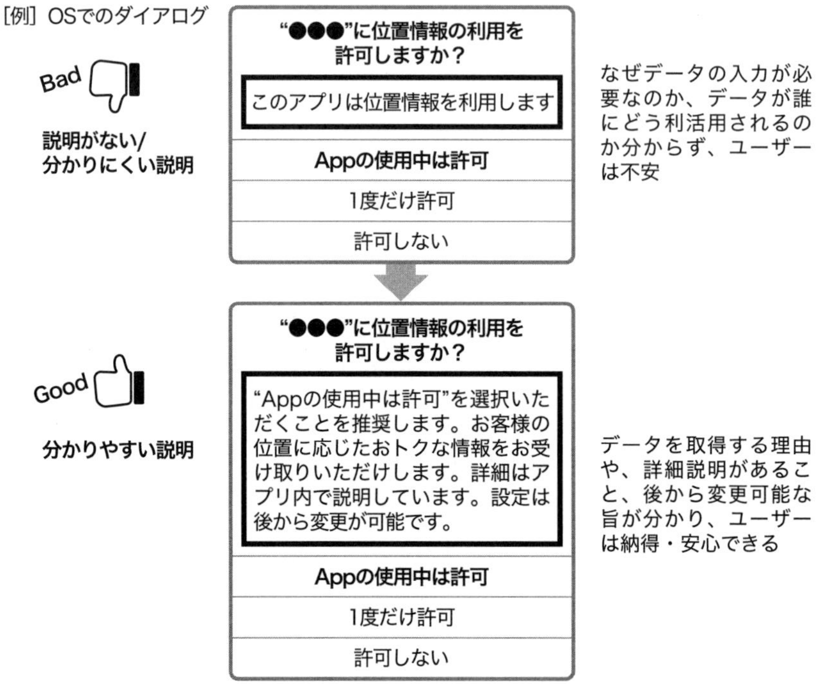

図表7-12　分かりやすい説明（アプリのダイアログの表示例）

②情報の関係性や所在は構造的に

プライバシーポリシー・利用規約・Cookieポリシー・注意事項などの画面に情報が散在していると、利用者は「分かりにくい」と感じます。プライバシーに関連する情報を構造的に配置し、利用者が体系的に利用するような導線を構築することが必要です（**図表7-13**）。

以下、参考になる４つの例を紹介します。

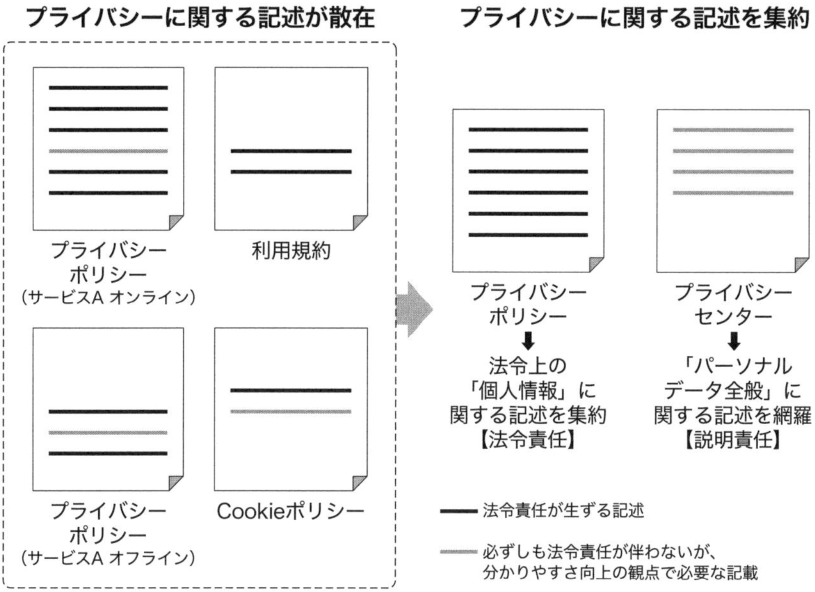

図表7-13　情報の関係性や所在を分かりやすくする

参考例①NTTドコモ「知ってナットク！ドコモのパーソナルデータ活用」

https://www.docomo.ne.jp/utility/personal_data/

NTTドコモは、プライバシーページで利用者の利用シーンを漫画化し、分かりやすく伝えています。この漫画では、NTTドコモの携帯電話の利用者が、自分の興味関心に沿った広告が表示されないシーンを起点に、IPアドレスが広告に対してどのように取得され、どのように利用されるかが具体的に示されています。これにより、利用者は自分のデータがどのように扱われているのかを視覚的に容易に理解することができます。

参考例②Yahoo! Japanプライバシーセンター

https://privacy.yahoo.co.jp/

Yahoo! Japanのプライバシーセンターでは、様々なサービスを通じて横断的に取得している利用者のデータの内容や取り扱い方法、またオプトアウトの方法について、網羅的に記載しています。特に、様々なリテラシーを持った人々が利用するサービスを運営していることを踏まえ、優しい言葉遣いやイラストを活用するなど、利用者が親しみやすく、理解しやすくなるよう配慮されています。

参考例③LINEトランスペアレンシーリポート

https://linecorp.com/ja/security/transparency/top

LINE Transparency Reportでは、LINE社が取得している利用者のデータを、どのように取り扱っていたのかを、実績値とプラットフォームとしての考え方と共に、リポート形式で定期的に公開しています。具体的には「捜査機関からのユーザー情報開示・削除要請」や「違反投稿への対応」、「ユーザーからの削除申告への対応」などがあります。

参考例④トヨタ自動車の取り組み

https://global.toyota/jp/sustainability/privacy/

トヨタ自動車のプライバシーページのトップには、Chief Privacy Officer（CPO）からのメッセージが掲載されています。「誰が」プライバシーを守ることに責任を持つのかを明確にし、利用者に対しての納得感を醸成しています。

参考 データガバナンス

プライバシーガバナンスでは、データの収集・管理・分析・利用・共有・保護・品質管理などのプロセスに関するルールや規定を策定し、そのルールに従ってデータを取り扱うことで、データに対する信頼性や品質を確保し、データを適切に活用することを目指します。つまり、「データガバナンス」が欠かせないのです。

データガバナンスは、組織内のあらゆる部門に関連し、複数の部門をまたいだコラボレーションやコミュニケーションが不可欠です。人はどうしても局所対処的に判断しがちですが、データガバナンスを進めるには、データ利活用を推進する人（組織）も、ガバナンスを実行する人（組織）も、目の前にある施策を俯瞰《ふかん》的・構造的に理解することが必要です。

そのために役立つフレームワークがあります。ビッグデータがブームとなった当初からデータ活用のコンサルティングを引き受け、4年間で2000人もの企業担当者らとディスカッションをしてきた、野村総合研究所（当時）の鈴木良介氏は、フレームワーク「DIVA（ディーバ）」を提唱しています。DIVAとは、Data＝データ、Information＝情報、Value＝価値、Achievement＝効用の4語の頭文字で、データを活用して売り上げ、利益といった効用を得るための一連のプロセスを表しています。

まず、単なる「現象（Phenomenon）」が、文字列の羅列として「データ（Data）」に変換されます。その次に「データを役立てるためにどのように解釈するか？」という目的に基づき「意

データを利益・価値に変換するプロセス

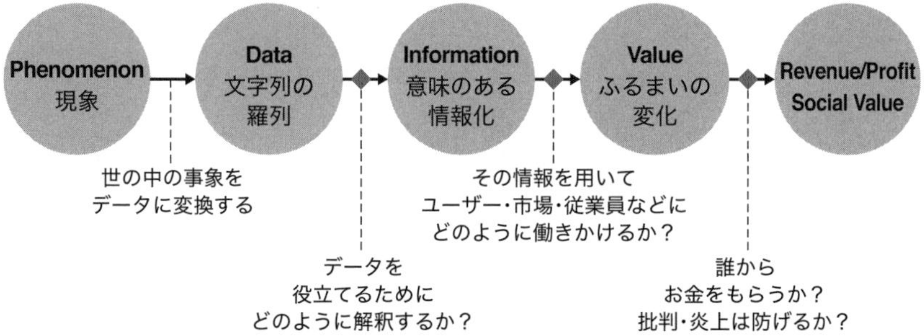

図表7-14　DIVA

出典：「データ活用仮説量産 フレームDIVA」（鈴木良介,2015年日経BPより）を基に作成

味のある情報化（Information）」に昇華されます。次にその情報を用いて、利用者・市場・従業員などへの働きかけによって「ふるまいの変化（Value）」を生み出します。そのふるまいの変化がどのような結果をもたらすか（誰からお金をもらうか、どんな影響が生まれるのか、批判や炎上は防げるか）といった点が考慮され、売り上げ・利益や、社会的な価値につながるというものです（**図表7-14**）。

第4部 関連する法律

Chapter

8 個人情報保護法

8-1 個人情報保護法の概要

8-1-1 プライバシー保護の歴史

今でこそ、声高に叫ばれるプライバシーの保護ですが、その歴史はそれほど古くはありません。1970年代以降、ITの進展によって大量の個人情報が処理されるようになると、欧米で個人に関するデータを保護する機運が高まり、1980年にはOECD（経済協力開発機構）が、各国の個人に関するデータの保護レベルを一定にするための「8原則」を制定しました（**図表8-1**）。

日本もグローバル化の流れを受け、「個人情報の保護に関する法律」、いわゆる個人情報保護法が2003年5月に制定、2005年4月に全面施行されました。ビッグデータ活用の拡大や、大規模漏洩事故の発生などの社会状況を踏まえ、これまでに3度の大きな改正が行われています（**図表8-2**）。

プライバシー保護と個人データの国際流通についてのOECD理事会勧告

プライバシー保護に関するガイドライン 基本８原則

1. 収集制限の原則
個人情報は、本人への通知又同意を得た上で、適法かつ公正な手段で収集する。

2. データ内容の原則
個人情報は、その利用目的に沿った必要な範囲内で正確、完全、最新の状態に保つ。

3. 目的明確化の原則
個人情報収集の目的を明らかにする。

4. 利用制限の原則
収集した個人情報は明確化された目的以外に使用しない。

5. 安全確保の原則
個人情報は紛失・破壊・修正・開示などの危険に対し、合理的な安全保護措置を講ずる。

6. 公開の原則
個人情報に関する政策、開発、運用などは一般に公開する。

7. 個人参加の原則
情報主体（本人）は自己の情報の所在を確認したり削除、訂正する権利があり、管理者は適にそうした要請に対応する必要がある。

8. 責任の原則
管理者は、以上の原則を責任を持って履行する必要がある。

出典：外務省「プライバシー保護と個人データの国際流通についてのガイドラインに関するOECD理事会勧告（仮訳）」

図表8-1　プライバシー保護に関する８原則

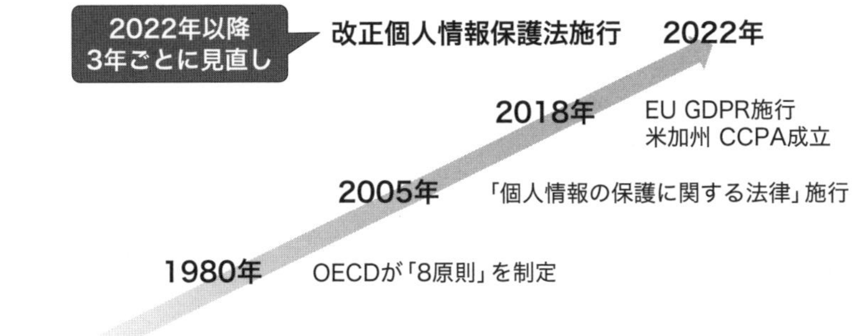

図表8-2　個人情報保護法関連の歴史

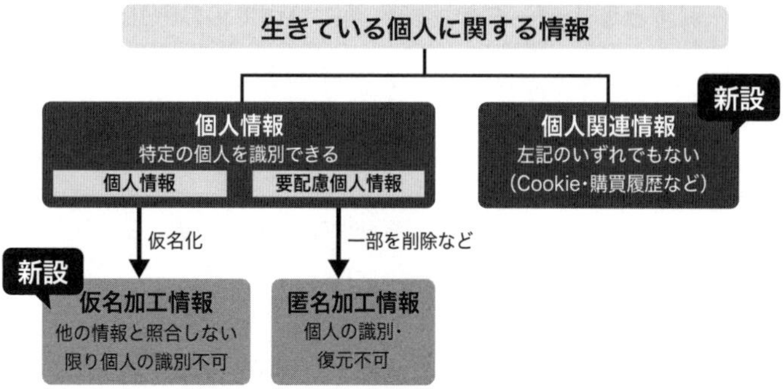

図表8-3　個人に関する情報

8-1-2 個人情報の種類

2022年に施行された改正個人情報保護法では、大きく、2つの情報の類型が追加されています。「仮名加工情報」と「個人関連情報」です（**図表8-3**）。

(1) 個人情報とは

個人情報保護法において「個人情報」は以下の通り定義されています。

> *『「個人情報」とは、生存する個人に関する情報であって、当該情報に含まれる氏名、生年月日その他の記述等により特定の個人を識別することができるもの（他の情報と容易に照合することができ、それにより特定の個人を識別することができることとなるものを含む）をいう』*
> *「個人情報の保護に関する法律」第一章 第二条 1/2003年5月23日成立・2017年5月30日改正施行）*

特定の個人を識別できるもの　　個人の身体のデータ　　個人に割り振られる公的な番号

個人情報	特定の個人を識別できるもの	単体で識別可	氏名、顔写真、映像、声の録音
		組み合わせることで識別可	住所、電話番号、メールアドレス
	個人識別符号が含まれるもの	身体の一部の特徴を電子化	顔認証データ、指紋認識データ
		書類などに付される符号	マイナンバー、パスポート番号、免許証番号など

図表8-4　個人情報

特定の個人を識別できるもののうち、その情報単体でも識別可能な情報として、氏名や顔写真、映像、声の録音などがあります。他方、組み合わせることで識別可能なものに、住所、電話番号、メールアドレスなどがあります。また、個人識別符号が含まれるものとして、個人の身体のデータ（顔認証データや指紋認識データ）、書類などに付与される符号（マイナンバー、パスポート番号、免許証番号）などがあります（**図表8-4**）。

(2) 仮名加工情報

従来は企業内で個人情報を利用する際、プライバシーポリシーなどで定めた利用目的を超えて利用することはできませんでした。しかし、AIや機械学習、広告配信技術の進展によって、プライバシーポリシーでは想定していなかったデータが、有益になるケースが出てきています。そのようなデータの利活用を促進するために、完全に個人の識別が不可能な

「匿名加工情報」と、個人を識別可能な「個人情報」の間に位置する情報のタイプとして、名前をIDなどに置き換えた「仮名加工情報」が登場しています。

(3) 個人関連情報

従来はWebサイトの閲覧履歴などが分かるCookieや、ショッピングをした際にレジに蓄積されるような購買履歴は、個人情報に当たらない限り、個人情報保護法の範囲外になっていました。しかし、これらの情報を使ったマーケティングや、企業間のデータ連携が進むに当たって、個人のプライバシーが侵害される事例が出てきたことを踏まえ、登場したものが「個人関連情報」です (8-4で説明します)。

8-1-3 要配慮個人情報

個人情報の中でも、本人に対する不当な差別や偏見が生じないように、特に注意して取得や取り扱いを行う必要のある情報が、要配慮個人情報として定められています。

要配慮個人情報は原則として、本人の事前同意なしに取得することができません。また、漏洩などが発生した場合においては、たとえ1件だけでも個人情報保護委員会に報告を行う義務が生じるなど、一般的な個人情報の取り扱いに比べて、厳しい規律が設けられています。

要配慮個人情報は、人種や民族に関する情報、思想や信仰についての情報、社会的身分のほか、病気や健康にまつわる情報、犯罪に関する情報を含みます。

① 人種
② 信条（思想や信仰など、個人の内心の基本的な考え方）
③ 社会的身分（同和地区出身であるなど　※社会的地位は除く）
④ 病歴
⑤ 心身の機能の障害があること
⑥ 健康診断などの結果
⑦ 指導や治療、調剤などの行われたこと
⑧ 犯罪の経歴
⑨ 犯罪により害を被った事実
⑩ 本人を被疑者または被告人として刑事事件に関する手続きが行われたこと
⑪ 本人を非行少年又はその疑いのある者として、少年の保護事件に関する手続きが行われたこと

その他、法的には要配慮個人情報に指定されていない情報でも、要配慮個人情報を推測させる情報や、金融機関において「機微情報」に定義されている情報（本籍地や性生活に関する情報など）など、人によって偏見や差別を導いてしまいやすい情報を取り扱う際には、注意が必要です。

8-2 個人情報を取り扱う際のポイント

続いて、個人情報を取り扱う際のルールを確認していきましょう。個人情報を取り扱う際は、取得、利用、保管・管理、第三者提供、消費者対応などの5つのポイントを適切に押さえておくことが欠かせません（**図表8-5**）。以下、それぞれのポイントについて、順番に説明します。

1. 取得	適法に取得する	•通知公表する
2. 利用	適切に利用する	•利用目的の範囲を守る
3. 保管・管理	無くさない、漏らさない	•安全に管理する •従業者・委託先にも徹底する
4. 第三者提供	勝手に人に渡さない	•あらかじめ本人から同意を取得する •提供する・される場合は記録する
5. 消費者対応など	開示請求に対応	•本人からの申し出に対応する •苦情に適切・迅速に対応する

図表8-5　個人情報を取り扱う際のポイント

8-2-1 取得

個人情報を取得する際には、利用目的を具体的に特定し、利用者本人に対して分かりやすく通知や公表、明示を行う「適正取得義務」が課せられます。また、利用目的や取得する情報によっては同意の取得が必要になるケースもあるため、事前にデータフローを俯瞰《ふかん》したうえで、適正な取得を行うことが必要です。

なお、一方的に送りつけられた個人情報を受け取らなかった場合や、インターネット上で公開されている個人情報を閲覧したのみで転記などを行わない場合は、個人情報を取得しているとは見なされません。

(1) 利用目的の特定

データを取得する際には、取得したデータの利用目的をできるだけ、具体的に特定する必要があります。例えば「サービス提供のために利用する」のみでは不十分で、ログインや商品発送など、サービス提供全体のどこで利用するのかを明確にしなければなりません。

　また、本人の関心や行動を分析する、いわゆるプロファイリングを行う場合においては、分析処理を行うことも含めて、利用目的を特定することが求められます。

記載例①何を目的として利用されるかが、利用者本人に具体的に分かるように特定する。

悪い例	「弊社サービスをご利用いただくために必要です」 「広告配信に利用します」
良い例	「（サービス名）におけるお客さまの本人確認や不正防止のために利用します」 「（サービス名）におけるお得なキャンペーンなどの情報をお届けするために活用します」

記載例②本人の関心や行動を分析して利用する場合に、分析処理を行うことも含めて利用目的を特定する。

悪い例	「広告配信に利用します」
良い例	「取得したデータを分析して、お客さまの興味・関心に応じた広告を配信するために活用します」

　なお、当たり前のことではありますが、利用目的を偽るなどしてデータを取得することは、適正な取得の違反に当たります。くれぐれも利用者の目線に立って、一般的な利用方法や説明の内容から、自分の個人情報がどのように利用され得るのか想像できるかどうか（予測可能性があるか）を熟慮し、想定外のネガティブなサプライズ（こんな利用のされ方は想像していなかった！という驚き）を与えないよう注意しましょう。

(2) 通知・公表・明示

　利用目的は、適切なタイミングで利用者本人に通知・公表・明示される必要があります。本人から直接に書面や入力フォームを通じて個人情報を取得する場合においては、あらかじめ本人に対して利用目的を明示することが求められます。

利用目的の明示は、情報の取得に際して速やかに本人に通知・公表すること、あるいは事前にWebサイトなどで、プライバシーポリシーなどを通じて公表することで代替できます。ただしWebサイトに利用目的を掲載する場合、公表していると見なされるためには、トップページから1回程度の操作で閲覧できる場所に掲載しなければなりません。

(3) 同意の取得

情報の種類やデータの利用方法によっては、利用目的の通知・公表・明示と合わせて、本人の同意の取得が求められるものがあります。例えば要配慮個人情報を取得する際は、必ず事前に同意を取得しなければなりません。

また、データを第三者に提供するに当たっては、一定の条件の下でオプトアウトの措置を講じる場合や、特別に同意が不要となる場合を除いて、原則として提供の前に本人の同意を得ることが必要です。第三者提供を行うことが決まっている場合は、データ取得時に本人の同意を得ることもできます。

その他、データ取得時に通知・公表・明示した以外の目的で利用を行う場合は、原則として、改めて同意を取得することが求められます。なお、子どもなどの、十分な判断能力を有していない人物から取得した同意は、同意と見なされないため注意しなければなりません。

8-2-2 利用

データを利用する際は、データ取得時に通知・公表・明示した利用目的の達成に必要な範囲で、データを取り扱う必要があります。そのため、データの取得後にその活用方法に変更が生じる場合は、新たな活用方法が、データ取得時に利用者に通知・公表・明示した利用目的の範囲内にあるかを検討しなければなりません。そして、目的外での利用と判断された際には、原則として、改めて利用者からの同意を取得することが求められます。ただし、変更前の利用目的との関連性が合理的に認められる場合においては、利用目的を変更し、利用目的の範囲外にあったものを範囲内に収めることで、本人同意を不要にできる場合があります（**図表8-6**）。

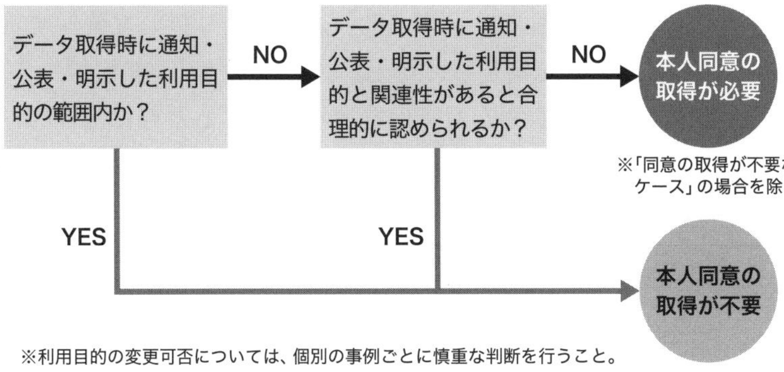

図表8-6　利用者同意の必要有無のチェックフロー

8-2-3 保管・管理

データを保管・管理する際には、データを正確かつ最新に保つよう努めるとともに、漏洩・滅失・毀損（「漏洩など」）防止のための、安全管理措置を講じる必要があります。安全管理措置は事業規模や事業の性質、保有するデータの性質や量、保存媒体などに起因するリスクに応じて実施されなければなりません（**図表8-7**）。

事業規模	事業規模が大きいほど、安全管理措置のレベルが高くなる
事業の性質	社会インフラとなっている事業ほど、安全管理措置のレベルが高くなる
個人データの性質	情報の機微度が高いほど、安全管理措置のレベルが高くなる
個人データの量	データの量が多いほど、安全管理措置のレベルが高くなる

図表8-7　安全管理措置

安全管理措置には、データの適正な取り扱いを確保するための基本方針を策定したうえで、規律を整備し、組織的・人的・物理的・技術的な安全管理措置を講じるとともに、外的環境を把握することが含まれます。また、データの安全管理が図られるように、従業者や委託先を監督することも必要です。

8-2-4 第三者提供

データを第三者に提供する際は、以下の「同意の取得が不要なケース」及び「第三者提供と見なされないケース」に該当する場合を除き、提供に先立って本人の同意を得る必要があります。また、データの種類や提供先により、対応すべき事項が異なることに注意しなければなりません。

　データを第三者に提供する場合は、第三者へ提供することが利用目的の範囲内でなければならないため、利用目的の範囲内でない場合は、目的外利用の同意も取得が必要です。なお、データの取得時に想定される第三者提供については、第三者提供について記載のあるプライバシーポリシーなどを通じて包括的な同意を取得することで、同意を得ることができます。

(1) 同意の取得が不要なケース

　裁判所から提供の指示を受けた場合など、例外的に本人の同意の取得が不要となる「①例外事由」や、一定の条件の下で適切なオプトアウトの措置を講じることにより、本人からの、事前の同意の取得が不要となる「②オプトアウトによる第三者提供」などのケースがあります。

①適用除外

- 法令に基づく場合。
- 人の生命や身体または財産の保護のために必要で、本人の同意を得ることが困難な場合。
- 児童の健全な育成や公衆衛生のために必要で、本人の同意を得ることが困難な場合。
- 国の機関などへの協力のために必要で、本人の同意を得ることでその目的の達成に支障を及ぼす恐れのある場合。
- 学術研究のために必要で、個人の権利を不当に侵害する恐れのない場合。

②オプトアウトによる第三者提供

- 必要事項をあらかじめ本人に通知・公表・明示したうえで、個人情報保護委員会に届け出を行ったときは、本人の要求で第三者提供を停止することを条件に、本人の事前同意なしの第三者提供が可能となります。
- 本人への通知・公表・明示ならびに個人情報保護委員会への届け出を行った後、第三者への提供を開始するまでに、本人が提供の停止を求めるために必要な期間を設定する必要があります。
- 本人から第三者提供の停止を求められた場合は、以後の提供を無条件で停止しなければなりません（既に提供済みのデータを回収することは求められません）。
- 要配慮個人情報や不正取得されたデータについては、オプトアウトによる提供は認められていません。

(2) 第三者提供と見なされないケース

同一法人の本社と支社の他、利用目的の達成に必要な範囲内で、データの取り扱いを「①委託」された委託先、データを「②共同利用」するグループ企業や親子会社などは、密接な関係を有し、一体と考えられるため、「第三者」ではありません。すなわち、その者へのデータ提供は「第三者提供」に該当しないということになります。

①委託

- 委託とは、本来は自らが行う業務を委託することであり、データの利用目的の範囲内でなければなりません。また、委託先は委託された業務以外の目的で、委託されたデータを利用することはできません。
- データを委託する際は、委託先に対して必要かつ適切な監督を行うこと。適切な委託先を選定し、必要かつ適切な安全管理措置が行われる旨を盛り込んだ委託契約を締結するとともに、定期的な監査などを通じて、委託先におけるデータの取り扱い状況を把握しなければなりません。

●委託先が再委託を行う場合、委託元は、委託先が再委託先に対して適切な監督を行っているかを、自ら確認することが望ましいとされています。

②共同利用

●データを共同利用する者を、一体の者と合理的に考えられる場合においてのみ、共同利用が認められます。

●共同利用を開始するまでに、共同利用するデータの種類や共同利用先などの必要事項をプライバシーポリシーなどを通じて本人に通知、または本人が容易に知ることのできる状態に置いている場合、共同利用先は「第三者」に該当しません。

●本人に通知または公表した範囲において、本人の同意なくデータを共同利用先に提供できます。

●共同利用先について本人に通知する場合、個々の事業者名までを挙げる必要はありませんが、本人がどの事業者まで利用されるか判断できるようにする必要があります。

(3) 要配慮個人情報の提供

要配慮個人情報は、例外事由となるケースを除いて、本人の事前同意なく第三者提供することができないため、いわゆるオプトアウト方式による第三者提供も認められません。なお、要配慮個人情報の適用除外については、「同意の取得が不要なケース」の「適用除外」に記した内容に、以下の3点が追加されます。

- 本人や国の機関、報道機関などにより公開されている場合。
- 本人を目視・撮影することにより、その外見上明らかな要配慮個人情報を取得する場合。
- 委託や事業継承、共同利用に伴う取得において提供を受ける場合。

また、要配慮個人情報に漏洩などや、その恐れが生じた場合は、1人分のデータであっても個人情報保護委員会に報告を行う必要があるなど、通常の個人情報を第三者提供する場合に比べて、より一層の注意を払うことが求められます。

(4) 外国の第三者への提供（越境移転）

データを外国にある第三者に提供（越境移転）する場合は、原則として、第三者提供への同意とともに、越境移転に対する同意を取得しなければなりません。また、同意の取得に先立ち、移転先の国におけるデータ保護のための規制などに関する情報を提供する必要があります。

①越境移転に対する同意の不要となるケース

ただし、以下のケースにおいては、越境移転に関する同意の取得が不要となります。また、オプトアウト、委託、共同利用の方法を採ることで、提供についての本人同意も求められません。

- 外国にある第三者が、日本と同水準の個人情報保護制度を有している国（2019年1月23日時点における欧州経済領域協定に規定された国。英国を含む）にある場合。
- 当該第三者との間で、データの取り扱いについて、契約やプライバシーポリシーなどを通じて、日本の個人情報保護法に基づき求められる措置の実施が確保されている（相当措置を実施するための体制が整備されている）場合。ただし、提供先が継続的に相当措置を実施できるための対策を取ることや、利用者本人の求めに応じて必要な情報を提供するなどの義務が生じるため、注意しましょう。
- 「同意の取得が不要なケース」の「適用除外」に記した内容に該当する場合。

②同意取得に先立つ情報提供義務

越境移転に対する同意を取得する際は、以下の情報を利用者本人に提供しなければなりません。

- 移転先の国の名称。
- 適切かつ合理的な方法で確認された当該外国の個人情報保護に関する制度に関する情報。
- 移転先の第三者が講ずる個人情報の保護のための措置に関する情報。

同意取得時に移転先が特定できない場合は、上記の情報に代えて、移転先の特定できない理由や、個人情報の保護に関して参考となる情報を提供することが求められます。

(5) 確認・記録義務

データの不正な流通を抑止し、流通経路・過程を把握する「追跡可能性（トレーサビリティー）」の確保を目的として、個人データの第三者提供について、提供先においては確認義務と記録義務、提供元においては記録義務が課せられます（**図表8-8**）。

図表8-8　確認・記録事項

提供先における確認・記録事項

	提供を受けた年月日	提供元の氏名/名称	取得の経緯	本人の氏名など	データの項目	個情委による公表	本人の同意
本人同意による取得の場合	－	○	○	○	○	－	○
オプトアウトによる取得の場合	○	○	○	○	○	○	－
私人などからの提供を受けた場合	－	○	○	○	○	－	－

提供元における記録事項

	提供を受けた年月日	提供元の氏名/名称	本人の氏名など	データの項目	本人の同意
本人同意による取得の場合	－	○	○	○	○
オプトアウトによる取得の場合	○	○	○	○	－

記録は、基本的に作成から3年間を保存期間とします。なお、第三者提供についての記録は、本人の請求があった場合に開示することを踏まえて作成する必要があります。

提供元・提供先は、互いに相手の記録義務を代行することができます。ただし提供先が本人の場合や、適用除外に該当する場合においては、確認・記録義務の例外となります。その他、提供先にとって個人データに該当しないケース（提供先が1人分のデータのみを取得する場合や、個人データを閲覧するのみの場合）については、確認・記録義務は課せられません。

8-2-5 消費者対応など

事業者は、保有する個人情報について、一定の事項を利用者本人が知り得る状態におかなければなりません。また、利用者本人からの求めに応じて、保有する個人情報について速やかに開示などの対応を行う義務が生じるため、各社にて必ず、利用者からの請求や問い合わせのための窓口を設ける必要があります。なお、不要となった個人情報は、遅滞なく削除するよう努める必要があります。

(1) 公表義務について

事業者が保有する個人情報について、利用者本人が知り得る状態におかなければならないのは、以下の項目です。

- ●事業者の氏名または名称及び住所（法人の場合は代表者の氏名を追加すること）
- ●保有するすべての個人情報の利用目的
- ●開示などの請求に応じるプロセスや手数料の額
- ●保有する個人情報の安全管理のために講じた措置
- ●苦情の申出先

加えて、保有する個人情報を外国（外国の支店や営業所、再委託などを含む第三者、クラウドサービスの利用などを含む）で取り扱っている場合においては、当該外国/地域の名称を公表するとともに、当該データに対する安全管理措置について公表しなければなりません。

なお、利用者本人が知り得る状態としては、Webサイトに設置されたプライバシーポリシーなどを通じて公表することが一般的ではあるものの、本人の求めに応じて遅滞なく回答することも含まれます。また、一部の事項については公表し、その他の事項については問い合わせに応じて回答することも可能です。

(2) 開示などの請求への対応

利用者は事業者に対して、自分が識別される個人情報の開示を請求することができます。また、データの内容が事実でないときや、本人の同意なく取得・利用・第三者提供などされた場合においては、訂正や停止、消去などを求めることが可能です。

ただし、開示などの請求を行うための具体的な方法は事業者によって定められ、請求者はその方法に従って請求を行うこととなります。

開示請求は法的な請求権であり、事業者が請求を拒否した場合、あるいは開示などの請求が事業者に届いた日から2週間を経過した場合は、訴訟提起の行われることがあるため、速やかに対応しなければなりません。

よって、不開示事由（本人や第三者の生命や財産などを害する恐れのある場合や、他の法令に違反することとなる場合など）に該当する、あるいはデータが存在しないなどにより開示を行わない場合は、本人に対して遅滞なくその旨を通知する必要があります。

また、訂正・利用停止・第三者提供の停止などの請求も法的な請求権であるため、請求を受けた場合においては遅滞なく必要な調査を行うとともに、その結果に基づいて内容の訂正、利用の停止や第三者提供の停止などを行わなければなりません。さらに、内容の訂正、利用の停止や第三者提供の停止などを行ったか否かに関わらず、遅滞なく本人に通知することが求められます。

(3) データの破棄について

不要となった個人情報は、遅滞なく削除するよう努めなければなりません。

8-3 もしも、個人情報が漏洩したら

万が一、個人情報が流出した場合の対応です。みなさん、もしも自分の仕事で個人情報が流出したら、どんな対応を取りますか？

想像もしたくないことではありますが、火事と救急は119番！と覚えているように、個人情報が流出したら、速やかに「個人情報保護委員会」と「本人」へ報告する！ということを覚えておきましょう。対応の遅れが、さらなる事故の拡大や、信頼の失墜につながるため、とにかく迅速な初動が求められています。

個人情報保護法では、個人情報が漏洩などした場合、「(1)個人情報保護委員会への通知」と「(2) 本人への通知」を行うことが規定されています。ただし、委員会への報告や本人への通知義務については、漏洩などしたデータの性質や規模、漏洩などの発生した状況に応じて、個人の権利利益を害する恐れが大きい場合にのみ必要となります。

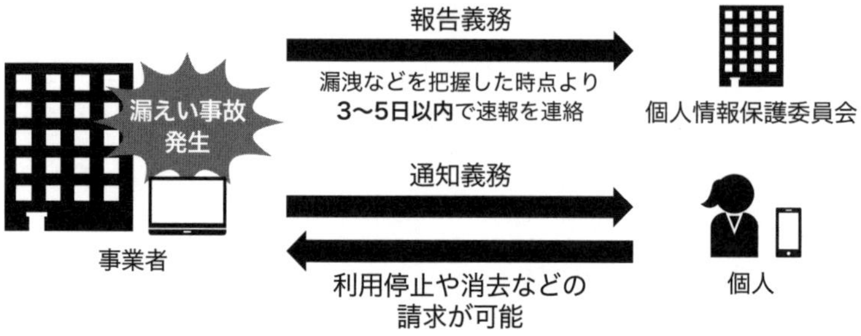

図表8-9　本人と個人情報保護委員会への報告が「義務化」されている

個人の権利利益を害する恐れが大きいと考えられるのは、要配慮個人情報の漏洩など、財産的被害が発生する恐れがあるデータの漏洩など、1,000人を超えるデータの漏洩など、不正の目的を持って行われた恐れのある場合が該当します（**図表8-9**）。

（1）個人情報保護委員会への通知

個人情報保護委員会への通知は、速報と確報の２段階に分けて実施しなければなりません。速報は、漏洩などを知った時点よりおおむね3～5日に、その時点で把握している内容を報告するものです。確報は、漏洩などを知った時点より30日以内（サイバー攻撃などの不正な行為による場合は60日以内）に、以下の9点を報告するものです。

①概要
②データの項目
③本人の数
④原因
⑤二次被害またはその恐れの有無及び内容
⑥本人への対応の実施状況

⑦公表の実施状況
⑧再発防止のための措置
⑨その他参考となる事項

ただし、合理的努力を尽くしたものの、すべての事項を報告することができない場合は、確報を行った後に追完することも可能とされています。

(2) 本人への通知

本人への通知は、本人に分かりやすい形式で、状況に応じて速やかに行われなければなりません。ただし、本人のためにならず、かえって混乱を生じるような場合は、その時点では通知をしなくてもよいものとされています。なお、本人への通知事項は、当該本人の権利利益を保護するために必要な範囲における、以下の5点です。個人情報保護委員会に報告した内容のうち、必要なものを抜粋して、本人に通知を行うことが一般的です。

①概要
②データの項目
③原因
④二次被害またはその恐れの有無及び内容
⑤その他参考となる事項

(3) その他

必要に応じて講じなければならない措置には以下があります。

- 事業者内部における報告及び被害の拡大防止
- 事実関係の調査及び原因の究明

- 影響範囲の特定
- 再発防止策の検討及び実施
- 事実関係及び再発防止策の公表

公表については義務ではありませんが、本人の連絡先が変更されてしまっているなど、本人への通知が困難な場合においては、事実の公表と問い合わせ窓口の設置により、本人が自らのデータが対象になっているか否かを確認できるようにすることが、代替措置として認められています。そのため、状況に応じては公表の求められる可能性のあることに注意しなければなりません。

8-4 個人関連情報とは

ここまで「個人情報」について解説してきましたが、8-1-2(3)で示した「個人関連情報」をここで詳しく説明します。「個人関連情報」とは、Cookieに含まれる閲覧履歴や、ショッピングをした際にレジに蓄積されるような購買情報、スマートフォンなどから送信される位置情報などを指します。

これらの情報を企業単独で取得・利活用する場合、**個人情報保護法上は**、これまで通り、特別な対応は不要です。ただ、第三者、例えば広告配信事業者や分析を行う企業などに提供し、提供した企業が保有する個人情報などとひも付いて、特定の個人が識別できる情報になる場合は、プライバシーポリシーなどでの同意取得が必要となります。これらの情報を使ったマーケティングや、企業間のデータ連携が進むに当たって、個人のプライバシーが侵害される事例が出てきたことを

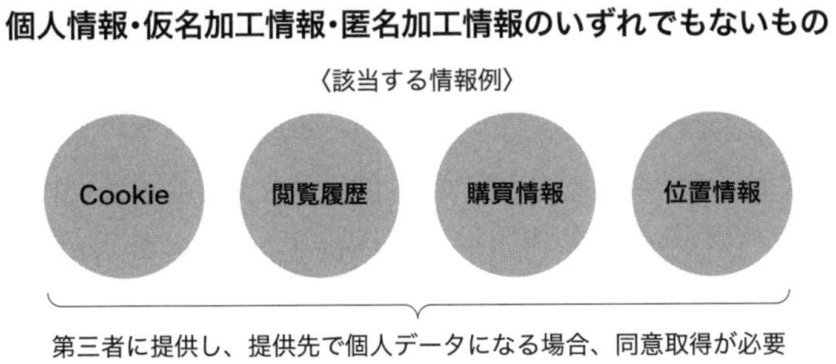

図表8-10　個人関連情報

踏まえ、2022年施行の個人情報保護法で新たに登場した概念です（**図表8-10**）。

個人関連情報を第三者に提供し、提供先で個人情報との照合などにより個人データ化する場合（想定される場合も含む）においては、個人情報の第三者提供時と同様に、利用者本人の同意を取得する必要があります（**図表8-11**）。

①同意の取得

- 利用者本人からの同意は、基本はユーザー本人と接点を持ち、データを利用する主体となる提供先で取得することが原則とされています。ただし、提供元が代行することも可能です。
- 同意を取得する際は、利用者にとって気付きやすい導線、分かりやすい記載になるよう、配慮する必要があります。
- 本人が予測できる範囲において包括的な同意を取得することも認められていますが、クリックするなどの行為を通じて、必ず同意を取得しなければなりません。
- 同意を取得する際は、データの取得主体、取得するデータ

図表8-11　個人情報と個人関連情報

		個人情報	個人関連情報
定義		特定の個人を識別できる情報	個人情報、仮名加工情報及び匿名加工情報のいずれにも該当しない情報
例		●氏名、生年月日など ●音声、顔認証データ ●個人番号、免許証番号など ●**連続的に蓄積されるなどして特定の個人が識別できる位置情報**	●Cookieなどの端末識別子を通じて収集されたある個人のWeb閲覧履歴 ●消費購買履歴・サービス利用履歴 ●ある個人の**位置情報**
制約	取得時	●利用目的の特定・制限・通知・公表など	―
	活用時	●安全管理措置	―
	提供時	●同意の取得	**規制あり** ※提供先において個人データとなることが想定される情報の第三者提供において、本人の同意が得られていること
	他	●漏洩などの報告 ●開示・利用停止などの請求対応	―

の項目、利用目的を記載する必要があります。

②個人データ化する場合とは？

●提供先の第三者が、個人関連情報を個人データとして利用しない場合は、提供先の第三者が保有する個人データとの容易照合性を排除しきれないとしても、直ちに個人データとして取得することにはなりません。

●個人データとして取得することが想定される場合というのは、それを現に想定している場合、または一般人の認識（同種の事業を営む事業者の一般的な判断力・理解力を前提とする認識）を基準として通常想定できる場合を指します。

●契約書の締結などで個人データとして利用しない旨が定められており、それを疑う特別な理由もない場合は、個人データとして取得することは想定されません。

Chapter

9 電気通信事業法

9-1 電気通信事業法の概要

(1) 電気通信事業法の歴史

電気通信事業法は、電気通信事業を適正に行うための規制法で、当初は電気通信法として1950年に制定されました。その後、通信市場の急速な発展に合わせて改正が繰り返され、1984年に現在の名称である電気通信事業法に改正・名称変更、その後も度重なる改正を経て、現在に至っています。

(2) 電気通信事業法とは

電気通信事業法の目的は、以下の通り記載されています。

> *電気通信事業の公共性にかんがみ、その運営を適正かつ合理的なものとするとともに、その公正な競争を促進(①)することにより、電気通信役務の円滑な提供を確保(②)するとともにその利用者の利益を保護(③)し、もつて電気通信の健全な発達及び国民の利便の確保を図り、公共の福祉を増進することを目的とする((電気通信事業法(昭和59年法律第86号)第1条))*

①公正な競争の促進による、低廉で多種多様なサービスの実現

一般の事業者に対しては、自由で多様な事業展開を可能とするため、参入規制や利用者料金規制が緩和されています。特定の事業者（主要なネットワークを保有するNTT東西や携帯電話事業者）に対しては、ネットワークを利用する事業者が公平な条件の下でサービスを提供できるよう、公正競争ルールを整備・運用し、低廉で多様なサービスの提供を促進しています。

②電気通信役務の円滑な確保による、確実かつ安定したネットワークの実現

電気通信サービスの中断などが生じないよう、安全・信頼性確保のための規律を課すとともに、電気通信事故や自然災害への対応を強化しています。また、電気通信番号などの資源を適切に管理し、サービスの円滑な提供の確保に努めています。

③利用者利益の保護による、誰もが安心して利用できる環境の実現

電気通信サービスに対する苦情・相談への対応や、消費者トラブル防止のため、消費者保護ルールを整備・強化しています。また、憲法第21条第2項の規定を受けて、通信の秘密を保護することにより、表現の自由やプライバシーを保護しています。

これらによって、電気通信の健全な発達（利用者のニーズにきめ細かく対応した良質な電気通信サービスの実現）や、国民の利便の確保（電気通信を通じた豊かで快適な国民生活の実現や経済の活性化）を図り、公共の福祉を増進することを目的としています。

(3) 通信の秘密の保護

電気通信事業法の中で、最もプライバシーとの関連のある規制の一つに「通信の秘密の保護」があります。「通信の秘密」は、憲法第21条第2項を受けて、表現の自由の保障を実効性のあるものとするとともに、個人の私生活の自由を保護し、個人生活の安寧を保障（プライバシーの保護）するものです。

検閲は、これをしてはならない。通信の秘密は、これを侵してはならない。（日本国憲法　第21条第２項）

電気通信事業者の取扱中に係る通信の秘密は、侵してはならない。（第4条）
電気通信事業者の取扱中に係る通信（第164条第3項に規定する通信を含む。）の秘密を侵した者は、2年以下の懲役又は100万円以下の罰金に処する。（第179条）（電気通信事業法）

電気通信事業法における「通信の秘密の保護」とは、日本国憲法を受け、通信の内容や送信者、受信者などの情報を、電気通信事業者が厳密に保護することを法律で定めたものです。この法律は、国民の権利・利益を守り、社会秩序を維持するために定められています。

通信の秘密とは、通信の内容や送信者・受信者、通信日時など、通信に関する情報のことを指します。これらの情報は、個人のプライバシーを侵害する可能性があるため、電気通信事業者が厳重に保護する必要があります。

9-2 他の法令との関係

(1) 個人情報保護法との関係

なお、外部送信規律の対象情報には「個人情報」も含まれますので、個人情報に配慮する法令「個人情報保護法」との関係を整理しておきましょう。

従来、Webサービスやアプリの運営事業者(以下、事業者と言います)がインターネットで利用者の情報を取得する場合、国内の法令では個人情報保護法に準拠していればよいとされてきました。しかし、現状の個人情報保護法は、オンラインでやり取りされる個人に関する情報の問題に、必ずしも十分な対応ができている状態ではなくなってきており、個人情報保護法の範囲を超える部分を、「外部送信規律」に準拠して運用する必要があります(**図表9-1**)。

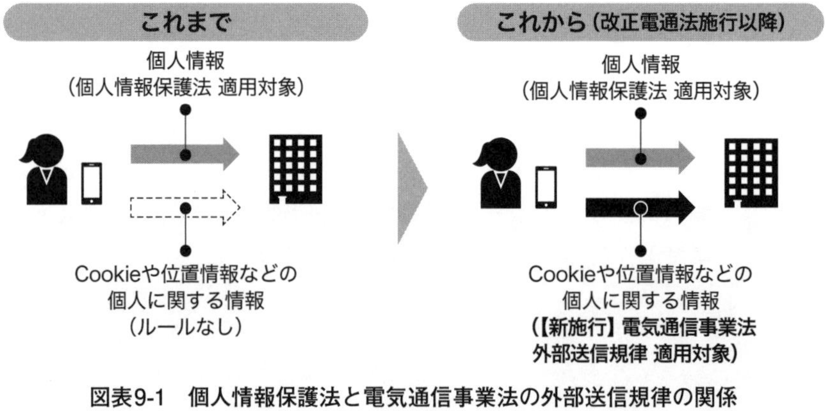

図表9-1　個人情報保護法と電気通信事業法の外部送信規律の関係

(2) 海外法との関係

オンラインでやり取りされる個人に関する情報を対象とする代表的な規制として、欧州のGDPRやePrivacy指令、米国カリフォルニア州のCPRA（旧CCPA）などがあります。外部送信規律は、これらの海外法規制を参照したうえで策定されていますが、規律の対象や内容を同じくするものではありません。グローバルで展開する事業者は、各国の法規制に準拠した対応を進める必要があります（**図表9-2**）。

	日本	カリフォルニア州（米国）	欧州（EU）
適用法	改正個人情報保護法 [2022.04～] 電気通信事業法 [2023.06～]	California Privacy Rights Act(CPRA) [2023.01～]	General Data Protection Regulation (GDPR) [2018.05～]
行動履歴情報 （Cookie、IP、位置情報・購買履歴など）	**個人関連情報** ※単体では個人関連情報であっても、個人情報とひも付けて取得・保管される場合は個人情報となる	**Personal Information** （いわゆる個人情報）	**Personal Data** （いわゆる個人情報）
法令要件	✓第三者に提供することで個人データ化することが想定される場合には原則として**提供先において**同意取得が必要など*	✓知る権利 ✓**（事後的に）**削除を共有する権利 ✓**事後的な**オプトアウト（拒否）	✓域外適用** ✓収集・利用に際して**明確な同意** ✓情報侵害時の72時間以内報告 ✓個人情報の使用禁止
罰則	命令違反・虚偽報告の場合 最大1年以下の懲役または100万円以下罰金	1件につき最大2500USD （故意の場合は最大7500USD）	全世界で売り上げの最大4%または2000万ユーロ
Web上の必須要件	✓プライバシーポリシーでの明示 （通知公表または同意取得） ✓**外部送信に関する確認機会の付与** **（通知または公表）**	✓データポリシー説明のページ上での情報提供・削除対応・オプトアウト対応**（データ取得後のユーザーごとの管理）**	✓Webサイトアクセス時点において、明確な同意取得（**同意取得バナー**の表示）※ ※ePrivacy指令による規律
備考	* 外国の第三者に提供する場合、本人への情報提供などが定められている		** EU域内だけでなく、域外からEU居住者にサービスを提供またはモニタリングしている事業者が対象/一定の要件を満たす場合DPO（データ保護責任者）の任命が必要

図表9-2　各国の法規制

コラム

4 海外事例：ePrivacy指令（GDPR）への違反と多額の制裁金

海外の事例を一つ紹介します。世界には様々なデータ規制が存在しますが、高額の制裁金で有名なのが、EU加盟国のePrivacy指令です。個人の私的生活・家庭生活・住居などに関連したデータを保護するGDPRに対して、ePrivacy指令は通信の秘密に関するデータを含む、電気通信データを保護するための特別法的な位置付けで、互いに補完し合っています。

ePrivacy指令では、厳密に必要なCookieを除いて、Cookieの利用についての説明と同意の取得を求めています。厳密に必要なCookieというのは、例えば利用者が買い物かごに入れた情報の保持や、認証やセキュリティー、ネットワークを管理するために必要なものなどが該当します。それ以外のCookieは、特にデータ処理の目的について明確かつ包括的な説明を行ったうえで、同意が取得できた場合にのみ利用可能としています。

さらに、利用者の同意についても、厳しい規定があります。選択の自由があること、同意の範囲や内容が特定されていること、事前に説明が行われていることを前提に、利用者が自らの意志で同意を行っていることが明確でなければなりません。そのため、例えば利用規約などに記載を行い、包括的な同意を取得することや、Cookie取得の同意をWebサイトへのアクセスの条件とすること、そして同意する方が拒否するよりも簡単であったり、目立つ仕様になっていたりすることも許されないのです。

ePrivacy指令により、フランスでは2020年、Google LLCに対して6,000万ユーロ、Google Ireland Limitedに対して4,000万ユーロ、Amazon Europe Coreに対して3,500万ユーロの制裁金が科されました。Cookieによる追跡を行っていることについて、利用者に十分な透明性を担保できていなかったこと、そして導線が複雑で、容易にオプトアウトが達成されないことが、ePrivacy指令に違反していると判断されたためです。

同様の事例は2022年にも発生しています。Cookieの取得に同意するプロセスを、拒否するプロセスに比べて複雑に設計し、Cookieによる追跡を簡単に拒否できない仕様にしていたことを理由に、Google LLCに対して9,000万ユーロ、Google Ireland Limitedに対して6,000万ユーロ、Meta Irelandに対して6,000万ユーロという、巨額の制裁金が科されました。

GDPRやePrivacy指令は、一見したところ遠く離れたEU加盟国の規制であり、外国の話のように聞こえがちですが、日本企業も例外ではありません。企業の所在地や国籍にかかわらず、EU域内の利用者の個人データや電気通信データを取得・利活用する場合に適用されるためです。またCookie以外にも、電話やメールなどのサービスや、ダイレクトマーケティングのためのメールやSMSの送信なども対象となります。

2022年には実際に、日本企業の海外子会社に6万4000ユーロの制裁金が科せられたという報道がされました。そして今、世界的にもデータプライバシーに関する法や規制が強まっています。これはつまり、世論の高まっていることを意味するものです。今回の電気通信事業法の改正も、こうした潮流に沿ったものと考えることができるでしょう。

外国のことだったから知らなかった、新しい規制だったから把握していなかった、では済まされません。高額の制裁金や、制裁金を科されたという事実、そしてその理由を報道されることに関するレピュテーションリスクなど、様々なリスクがあります。データや売り上げを毀損しないためにも、広く世の中のトレンドに目を向け、適切な対応を取り続ける必要があるのです。

Appendix 1

電気通信事業法外部送信規律 2023年6月16日施行

電気通信事業法第 27 条の 12

1. 電気通信事業者又は第三号事業を営む者（内容、利用者の範囲及び利用状況を勘案して利用者の利益に及ぼす影響が少なくないものとして総務省令で定める電気通信役務を提供する者に限る。）は、その利用者に対し電気通信役務を提供する際に、当該利用者の電気通信設備を送信先とする情報送信指令通信（利用者の電気通信設備が有する情報送信機能（利用者の電気通信設備に記録された当該利用者に関する情報を当該利用者以外の者の電気通信設備に送信する機能をいう。以下この条において同じ。）を起動する指令を与える電気通信の送信をいう。以下この条において同じ。）を行おうとするときは、総務省令で定めるところにより、あらかじめ、当該情報送信指令通信が起動させる情報送信機能により送信されることとなる当該利用者に関する情報の内容、当該情報の送信先となる電気通信設備その他の総務省令で定める事項を当該利用者に通知し、又は当該利用者が容易に知り得る状態に置かなければならない。ただし、当該情報が次に掲げるものである場合は、この限りでない。
   (1) 当該電気通信役務において送信する符号、音響又は影像を当該利用者の電気通信設備の映像面に適正に表示するために必要な情報その他の利用者が電気通信役務を利用する際に送信をすることが必要なものとして総務省令で定める情報
   (2) 当該電気通信事業者又は第三号事業を営む者が当該利用者に対

し当該電気通信役務を提供した際に当該利用者の電気通信設備に送信した識別符号（電気通信事業者又は第三号事業を営む者が、電気通信役務の提供に際し、利用者を他の者と区別して識別するために用いる文字、番号、記号その他の符号をいう。）であつて、当該情報送信指令通信が起動させる情報送信機能により当該電気通信事業者又は第三号事業を営む者の電気通信設備を送信先として送信されることとなるもの

(3) 当該情報送信指令通信が起動させる情報送信機能により送信先の電気通信設備に送信されることについて当該利用者が同意している情報

(4) 当該情報送信指令通信が次のいずれにも該当する場合には、当該利用者がイに規定する措置の適用を求めていない情報

イ 利用者の求めに応じて次のいずれかに掲げる行為を停止する措置を講じていること。

① 当該情報送信指令通信が起動させる情報送信機能により行われる利用者に関する情報の送信

② 当該情報送信指令通信が起動させる情報送信機能により送信された利用者に関する情報の利用

ロ イに規定する措置、当該措置に係る利用者の求めを受け付ける方法その他の総務省令で定める事項について利用者が容易に知り得る状態に置いていること。

電気通信事業法施行規則第 22 条の 2 の 27

法第 27 条の 12 の総務省令で定める電気通信役務は、次のいずれかに該当する電気通信役務であつて、ブラウザその他のソフトウェア（利用者が使用するパーソナルコンピュータ、携帯電話端末又はこれらに類する端末機器においてオペレーティングシステムを通じて実行されるものに限る。次条において同じ。）により提供されるものとする。

(1) 他人の通信を媒介する電気通信役務

(2) その記録媒体に情報を記録し、又はその送信装置に情報を入力する電気通信を利用者から受信し、これにより当該記録媒体に記録され、又は当該送信装置に入力された情報を不特定の利用者の求めに応じて送信する機能を有する電気通信設備を他人の通信の用に供する電気通信役務

(3) 入力された検索情報（検索により求める情報をいう。以下この号において同じ。）に対応して、当該検索情報が記録された全てのウェブページ（通常の方法により閲覧ができるものに限る。次条第 3 項第 1 号において同じ。）のドメイン名その他の所在に関する情報を出力する機能を有する電気通信設備を他人の通信の用に供する電気通信役務

(4) 前号に掲げるもののほか、不特定の利用者の求めに応じて情報を送信する機能を有する電気通信設備を他人の通信の用に供する電気通信役務であつて、不特定の利用者による情報の閲覧に供することを目的とするもの

電気通信事業法施行規則第 22 条の 2 の 28

1　法第 27 条の 12 の規定により利用者の電気通信設備を送信先とする情報送信指令通信を行おうとするときは、次の各号のいずれにも該当する方法により、次条各号に掲げる事項を当該利用者に通知し、又は当該利用者が容易に知り得る状態に置かなければならない。

(1) 日本語を用い、専門用語を避け、及び平易な表現を用いること。

(2) 操作を行うことなく文字が適切な大きさで利用者の電気通信設備の映像面に表示されるようにすること。

(3) 前二号に掲げるもののほか、利用者が次条各号に掲げる事項について容易に確認できるようにすること。

2　前項の利用者に通知する場合には、同項各号に掲げるもののほか、次の各号のいずれかに該当する方法により行わなければならない。

(1) 次条各号に掲げる事項又は当該事項を掲載した画面の所在に

関する情報を当該利用者の電気通信設備の映像面に即時に表示すること（当該事項の一部のみを表示する場合には、利用者がその残部を掲載した画面に容易に到達できるようにすること。）。

(2) 前号に掲げる方法と同等以上に利用者が容易に認識できるようにすること。

3　第 1 項の利用者が容易に知り得る状態に置く場合には、同項各号に掲げるもののほか、次の各号のいずれかに該当する方法により行わなければならない。

(1) 情報送信指令通信を行うウェブページ又は当該ウェブページから容易に到達できるウェブページにおいて、次条各号に掲げる事項を表示すること。

(2) 情報送信指令通信を行うソフトウェアを利用する際に、利用者の電気通信設備の映像面に最初に表示される画面又は当該画面から容易に到達できる画面において、次条各号に掲げる事項を表示すること。

(3) 前二号に掲げる方法と同等以上に利用者が容易に到達できるようにすること。

電気通信事業法施行規則第 22 条の 2 の 29

法第 27 条の 12 本文の総務省令で定める事項は、情報送信指令通信ごとに、次に掲げる事項とする。

(1) 当該情報送信指令通信が起動させる情報送信機能により送信されることとなる利用者に関する情報の内容

(2) 前号に規定する情報の送信先となる電気通信設備を用いて当該情報を取り扱うこととなる者の氏名又は名称

(3) 第 1 号に規定する情報の利用目的

電気通信事業法施行規則第 22 条の 2 の 30

法第 27 条の 12 第 1 号の総務省令で定める情報は、次に掲げるものとする。ただし、当該情報をその必要の範囲内において送信する場合に限るものとする。

(1) 当該電気通信役務において送信する符号、音響又は影像を当該利用者の電気通信設備の映像面に適正に表示するために必要な情報その他当該電気通信役務の提供のために真に必要な情報

(2) 当該利用者が当該電気通信役務を利用する際に入力した情報を当該利用者の電気通信設備の映像面に再表示するために必要な情報

(3) 当該利用者が当該電気通信役務を利用する際に入力した認証に関する情報を当該利用者の電気通信設備の映像面に再表示するために必要な情報

(4) 当該電気通信役務に対する不正な行為の検知等を行い、又は当該不正な行為による被害の軽減等を図るために必要な情報

(5) 当該電気通信役務の提供に係る電気通信設備の負荷を軽減させるために必要な情報その他の当該電気通信設備の適切な運用のために必要な情報

電気通信事業法施行規則第 22 条の 2 の 31

法第 27 条の 12 第 4 号ロの総務省令で定める事項は、次に掲げるものとする。

(1) 法第 27 条の 12 第 4 号イに規定する措置（以下この条において「オプトアウト措置」という。）を講じている場合にあつては、その旨

(2) オプトアウト措置が法第 27 条の 12 第 4 号イ(1)又は(2)のいずれの行為を停止するものであるかの別

(3) オプトアウト措置に係る利用者の求めを受け付ける方法

(4) 利用者がオプトアウト措置の適用を求めた場合において、当該電気通信役務の利用が制限されることとなるときは、その内容

(5) 情報送信指令通信が起動させる情報送信機能により送信されることとなる利用者に関する情報(法第 27 条の 12 第 1 号及び第 2 号に掲げるものを除く。)の内容
(6) 前号に規定する情報の送信先となる電気通信設備を用いて当該情報を取り扱うこととなる者の氏名又は名称
(7) 第 5 号に規定する情報の利用目的

Appendix

2 外部送信規律

通知または公表の対応を行う際の記載例

外部送信規律に対応したページを独自で作成した場合の記載例です。

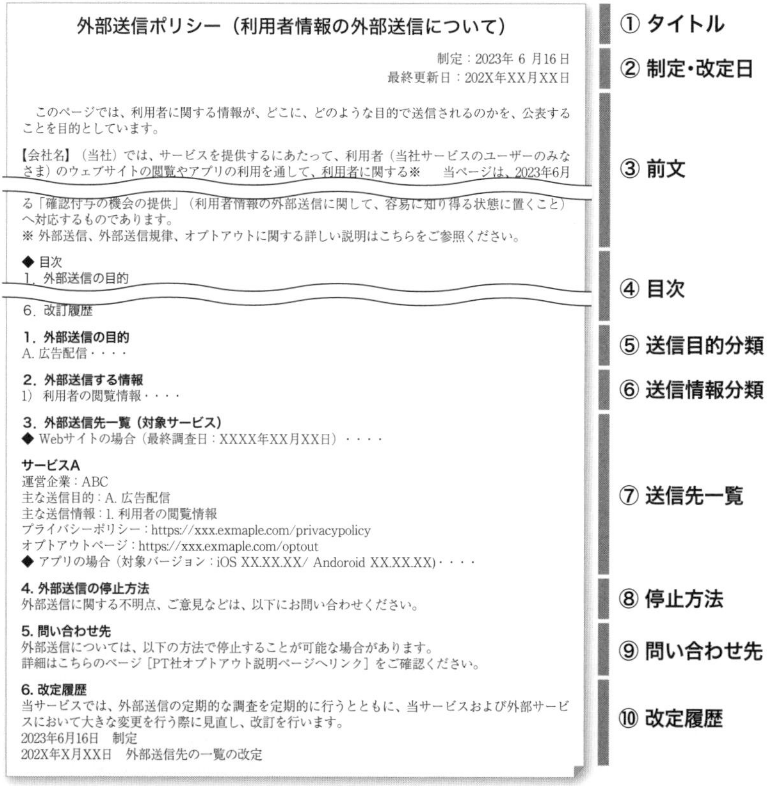

外部送信ポリシー（利用者情報の外部送信について）

制定：2023年 6 月16日
最終更新日：202X年XX月XX日

このページでは、利用者に関する情報が、どこに、どのような目的で送信されるのかを、公表することを目的としています。

【会社名】（当社）では、サービスを提供するにあたって、利用者（当社サービスのユーザーのみなさま）のウェブサイトの閲覧やアプリの利用を通して、利用者に関する※　当ページは、2023年6月

る「確認付与の機会の提供」（利用者情報の外部送信に関して、容易に知り得る状態に置くこと）へ対応するものであります。
※ 外部送信、外部送信規律、オプトアウトに関する詳しい説明はこちらをご参照ください。

◆ 目次
1．外部送信の目的

6．改訂履歴

1．外部送信の目的
A. 広告配信・・・・

2．外部送信する情報
1）利用者の閲覧情報・・・・

3．外部送信先一覧（対象サービス）
◆ Webサイトの場合（最終調査日：XXXX年XX月XX日）・・・・

サービスA
運営企業：ABC
主な送信目的：A. 広告配信
主な送信情報：1. 利用者の閲覧情報
プライバシーポリシー：https://xxx.exmaple.com/privacypolicy
オプトアウトページ：https://xxx.exmaple.com/optout
◆ アプリの場合（対象バージョン：iOS XX.XX.XX/ Andoroid XX.XX.XX)・・・・

4. 外部送信の停止方法
外部送信に関する不明点、ご意見などは、以下にお問い合わせください。

5. 問い合わせ先
外部送信については、以下の方法で停止することが可能な場合があります。
詳細はこちらのページ［PT社オプトアウト説明ページへリンク］をご確認ください。

6. 改定履歴
当サービスでは、外部送信の定期的な調査を定期的に行うとともに、当サービスおよび外部サービスにおいて大きな変更を行う際に見直し、改訂を行います。
2023年6月16日　制定
202X年X月XX日　外部送信先の一覧の改定

図表Appendix2-1　外部送信規律 ページ 構成・記載例

外部送信ポリシー（利用者情報の外部送信について）

制定：2023年6月16日
最終更新日：202X年XX月XX日

このページでは、利用者に関する情報が、どこに、どのような目的で送信されるのかを、公表することを目的としています。

【会社名】（当社）では、サービスを提供するにあたって、利用者（当社サービスのユーザーのみなさま）に関する情報を、利用者の端末（パソコンやスマートフォンなど）を通して、当社または当社が提携する事業者に送信しています。なお、送信した情報は、送信先事業者の規定に基づいて管理・利用されています。なお、情報の送信を停止したい場合は、各社のオプトアウトページや、ブラウザーやスマートフォンなどの設定を通じて停止することが可能です。

※ 法令上の個人情報（氏名、氏名とメールアドレス・クレジットカード番号の組み合わせなど、特定の個人を識別できる情報）に該当する情報の取り扱いについては、当社【プライバシーポリシー（リンク）】にて定めています。

※ 当ページは、2023年6月16日施行の、改正電気通信事業法外部送信規律（電気通信事業法第28条、電気通信事業法施行規則第57条）における、利用者情報の送信における「確認付与の機会の提供」（利用者情報の外部送信に関して、容易に知り得る状態に置くこと）へ対応するものであります。

※ 外部送信、外部送信規律、オプトアウトに関する詳しい説明はこちらをご参照ください。

①タイトル

外部送信規律に対応したページであることが容易に分かるタイトルを付けます。

②制定日・改訂日

外部送信規律については、あらかじめ定めた期間に一度ごと、定期的に更新していくことが前提となります。ページの最終更新日を明記します。

③前文

当該ページが何を目的としているのか、利用者視点で端的に説明します。以下の要素を盛り込むことが考えられます。

（記載要素の例）
- データを取得・利活用している事実
- プライバシー保護に対するスタンス
- プライバシーポリシーなど、他の文面との関係
- 外部送信規律に関する説明
- 法令上の位置づけ

◆ 目次

1．外部送信の目的

外部送信を行う主な目的には以下の種類があります（送信目的は外部送信先ごとに異なります。「外部送信先一覧」をご参照ください）。

(1) 広告、各種情報の配信

1) 自社の広告宣伝を目的とした広告情報の掲載のため

当該対象サービスや他社のサービスに自社の広告や自社の事業に関連した情報を掲載しています。

2) 自社の広告事業としての広告の掲載・配信をするため

当該対象サービスの広告枠に広告を掲載しています。

3) 他社の広告事業として広告の掲載・配信をするため

当該対象サービスや他社のサービスの広告枠に提携している他社が広告を配信・掲載しています。

(2) 分析

1) 閲覧の傾向や履歴の分析のため

④目次

利用者が、当該ページのどこにどのような情報が書いているのかが分かりやすいよう、冒頭で説明します。

⑤送信目的分類

一覧に記載する送信目的をあらかじめ分類して示します。

当該対象サービス上での行動履歴情報を収集し、閲覧の傾向や行動履歴を分析しています。

2) 広告効果の分析のため

当該対象サービス上の広告を閲覧した情報、クリックした情報、及びサービス上での行動履歴情報を収集し、広告の成果計測、効果測定・分析をしています。

3) Webサイトやアプリの監視のため

当該対象サービス及び当該対象サービス上の広告に対する不正または異常な閲覧数やクリック数などを検知・分析し、対策をしています。

(3) 外部サービス連携

1) SNSなどコンテンツサービスとの連携のため

当該対象サービス上でSNSや動画などのコンテンツサービスと連携して情報共有やコンテンツの表示をしています。

2) 外部送信プログラムの管理のため

当該対象サービスで利用する外部送信プログラムを管理しています。

(4) 必要不可欠な用途

1) サービスを適正かつ安全に提供するため

当該対象サービスに適正に画像を表示、または安全なサービスを提供するために負荷分散やセキュリティー対策をしています。

2) サービスの利便性を向上させるため

当該対象サービスの閲覧履歴などの情報を基に、最適なコンテンツを表示しています。

2．外部送信する情報

外部送信を行う主な情報には以下の種類があります（外部送信する情報は外部送信先ごとに異なります。「外部送信先一覧」をご参照ください）。

(1) 閲覧した内容についての情報（カテゴリー分類、商品名など）

(2) 閲覧の履歴（閲覧した日時、URL、リンク元のURLなど）

(3) 購入や行動の履歴（購入や申し込みの際の日時、識別番号など）

(4) 閲覧した人や機器を識別する情報（ユーザーID、ブラウザー・デバイス識別子など）

(5) 閲覧した機器の位置についての情報（IPアドレス、GPS情報など）

⑥送信情報

送信目的と同様に、あらかじめ送信情報を分類して示します。

3．外部送信先一覧（対象サービス）

当社サービスを利用される方に関する情報を送信している外部の事業者（サービス）は以下のとおりです。オプトアウトページの記載があるものは、リンク先のページで、情報の送信停止や、送信先での利用停止手続きが可能です。なお、外部送信の停止手続きを行うことによって、Webサイトやアプリの通常の利用において支障をきたす場合があるため、ご注意ください。

※ 定期的に調査を行い本ページへ反映を行っておりますが、Webサイト・アプリの更新タイミングにより、記載内容と実態との差が発生する場合がございます。あらかじめご了承ください。

⑦ 送信先一覧

外部送信先（情報送信指令通信）ごとに、以下の情報を記載します。（★は必須）

- 送信先サービス名／事業者名★
- 当社における利用目的／送信先における利用目的★
  - ※ 1st Partyと 3rd Partyで利用目的が異なる場合はそれぞれの目的を記載する。
- 送信情報★
- プライバシーポリシーURL
- オプトアウトページURL

◆ Webサイト（ブラウザー）

サイト名：XXXXXX

最終調査日：202X年XX月

【送信先サービス名】

事業者名：

当社における利用目的：

送信先における利用目的：

送信情報：

プライバシーポリシー:

オプトアウトページ:

・・・

◆ アプリ

対象アプリ：XXXXXX

調査したバージョン：iOS版 XX.XX.XX / Android版 XX.XX.XX

最終調査日：202X年XX月

【送信先サービス名】

事業者名：

当社における利用目的：

送信先における利用目的：

送信情報：

プライバシーポリシー:

オプトアウトページ:

4．外部送信の停止方法

以下の方法で外部送信を停止することが可能な場合があります。なお、外部送信の停止手続きを行うことによって、Webサイトやアプリの通常の利用において支障をきたす場合があるため、ご注意ください。

(1) 送信先のオプトアウトページで停止する方法

外部送信先一覧に「オプトアウトページ」のURLがある場合、遷移先をご確認ください。

(2) Webブラウザーで設定を行う方法

ご利用のブラウザーでCookieなどの送信を停止する方法があります。ブラウザーの設定をご確認ください。

(3) スマートフォンなどの端末で設定を行う方法

OSの設定で、トラッキングの停止や、広告識別子の停止を行う方法があります。

⑧ 停止方法
外部送信を停止する方法として、外部送信先のオプトアウトページで対応可能なケース、利用者の端末側で設定可能なケースがあります。それぞれの具体的な実行方法を記載します。

5．お問い合わせ先

外部送信に関する不明点、ご意見などは、以下にお問い合わせください。

XXXXXXXXXXXX

⑨ 問い合わせ先
利用者への相談窓口（お問合せフォーム、電話など）を記載します。

6．改訂履歴

当社では、外部送信の定期的な調査を定期的に行います。当サービスおよび外部サービスにおいて変更があった際は見直し、改訂を行います。

2023年6月16日　制定

202X年X月XX日　外部送信先の一覧の改訂

⑩ 更新履歴
どのような情報を更新したかを記載すると、改訂時の差分が分かりやすくなります。

なお、記載例は文字のみで表現していますが、利用者にとっての分かりやすさを向上するために、ビジュアルを活用する方法もあります。法令の要件で求められていることに加え、分かりやすく、丁寧なコミュニケーションを行うことによって、利用者に安心感を醸成し、データ送信への許諾が得やすくなることや、プライバシーを尊重する姿勢を社内外に示すことによる企業ブランドの向上にもつながります。

Appendix 3

主な外部送信サービス・事業者100

国内の事業者において、頻繁に利用されている外部送信先の一覧です。外部送信プログラムの事業者名やサービス名が変更となる場合や、利用目的や設定によって、送信目的や送信情報の異なる場合があります。正確な掲載にあたっては、自社内の利用目的に基づき、各事業者へ確認を行ってください（50音順/2023年5月中旬現在）。

事業者名	送信先サービス名	送信先事業者における主な送信目的	主な送信情報
RTB House	RTB HOUSE	(1) 広告、各種情報の配信	(2) 閲覧の履歴、(4) 閲覧した人や機器を識別する情報
株式会社アイモバイル	i-mobile Ad Network (ex. maio)	(1) 広告、各種情報の配信	(2) 閲覧の履歴、(4) 閲覧した人や機器を識別する情報
アイブリッジ株式会社	iBRIDGE	(1) 広告、各種情報の配信	(2) 閲覧の履歴、(4) 閲覧した人や機器を識別する情報
AppsFlyer Ltd.	AppsFlyer	(2) 分析 2) 広告効果の分析のため	(2) 閲覧の履歴、(3) 購入や行動の履歴、(4) 閲覧した人や機器を識別する情報、(5) 閲覧した機器の位置についての情報
Adobe Inc.	TubeMogul	(1) 広告、各種情報の配信	(2) 閲覧の履歴、(4) 閲覧した人や機器を識別する情報

事業者名	送信先サービス名	送信先事業者における主な送信目的	主な送信情報
Adobe Inc.	Adobe Advertising Cloud	(1) 広告、各種情報の配信、(2) 分析 2) 広告効果の分析のため	(2) 閲覧の履歴、(4) 閲覧した人や機器を識別する情報
Adobe Inc.	Adobe Analytics / Adobe Audience Manager / Adobe Experience Platform Identity Service (demdex) / Adobe Marketo Engage (Marketo)	(2) 分析 1) 利用者による閲覧の傾向や履歴の分析のため	(2) 閲覧の履歴、(3) 購入や行動の履歴、(4) 閲覧した人や機器を識別する情報、(5) 閲覧した機器の位置についての情報
Adobe Inc.	Adobe Dynamic Tag Manager	(3) 外部サービス連携 2) 外部送信プログラムの管理のため	(4) 閲覧した人や機器を識別する情報
Amazon.com, Inc.	Amazon Ads (Amazon Ad System を除く) / Amazon DSP / Amazonアソシエイト	(1) 広告、各種情報の配信	(2) 閲覧の履歴、(4) 閲覧した人や機器を識別する情報
株式会社イルグルム	AD EBiS	(2) 分析 1) 利用者による閲覧の傾向や履歴の分析のため	(2) 閲覧の履歴、(4) 閲覧した人や機器を識別する情報
株式会社インティメート・マージャー	IM-UID	(1) 広告、各種情報の配信	(2) 閲覧の履歴、(4) 閲覧した人や機器を識別する情報
株式会社unerry	Beacon Bank SDK	(1) 広告、各種情報の配信、(2) 分析 2) 広告効果の分析のため、(4) Webサイトやアプリにおけるサービスに必要なツール 2) Webサイトやアプリの利便性を向上させるため	(2) 閲覧の履歴、(4) 閲覧した人や機器を識別する情報、(5) 閲覧した機器の位置についての情報

事業者名	送信先 サービス名	送信先事業者における主な送信目的	主な送信情報
X Corp.	Twitter	(1) 広告、各種情報の配信、(2) 分析 1) 利用者による閲覧の傾向や履歴の分析のため 2) 広告効果の分析のため、(3) 外部サービス連携 1) SNS との連携のため	(2) 閲覧の履歴、(4) 閲覧した人や機器を識別する情報
株式会社エムティーアイ	Lifesocket	(4) 必要不可欠な用途 2) Webサイトやアプリの利便性を向上させるため	(4) 閲覧した人や機器を識別する情報
Audience Science	AudienceScienc e	(1) 広告、各種情報の配信、(2) 分析 1) 利用者による閲覧の傾向や履歴の分析のため 2) 広告効果の分析のため	(2) 閲覧の履歴、(4) 閲覧した人や機器を識別する情報
Automattic Inc.	Gravatar	(4) Webサイトやアプリにおけるサービスに必要なツール 1) Webサイトやアプリを適正かつ安全に提供するため 2) Webサイトやアプリの利便性を向上させるため	(4) 閲覧した人や機器を識別する情報
OpenX Technologies, Inc.	OpenX	(1) 広告、各種情報の配信	(2) 閲覧の履歴、(4) 閲覧した人や機器を識別する情報
Oracle Corporation	AddThis	(3) 外部サービス連携 1) SNS との連携のため	(4) 閲覧した人や機器を識別する情報
Oracle Corporation	BlueKai	(2) 分析 1) 利用者による閲覧の傾向や履歴の分析のため	(2) 閲覧の履歴、(4) 閲覧した人や機器を識別する情報
Oracle Corporation	Oracle Moat	(2) 分析 2) 広告効果の分析のため	(2) 閲覧の履歴、(4) 閲覧した人や機器を識別する情報

事業者名	送信先 サービス名	送信先事業者における主な送信目的	主な送信情報
合同会社カンター・ジャパン	Brand Lift Insights	(2) 分析 2) 広告効果の分析のため	(2) 閲覧の履歴、(4) 閲覧した人や機器を識別する情報
Quantcast Corporation	Quantcast	(1) 広告、各種情報の配信	(2) 閲覧の履歴、(4) 閲覧した人や機器を識別する情報
Google LLC 及びその関係会社	Google 広告 / Google Ad Manager / GDN (Googleディスプレイ広告) / Google Marketing Platform	(1) 広告、各種情報の配信	(2) 閲覧の履歴、(4) 閲覧した人や機器を識別する情報
Google LLC 及びその関係会社	Google Analytics	(2) 分析 1) 利用者による閲覧の傾向や履歴分析	(2) 閲覧の履歴、(4) 閲覧した人や機器を識別する情報
Google LLC	Firebase	(2) 分析 2) 広告効果の分析のため	(2) 閲覧の履歴、(4) 閲覧した人や機器を識別する情報
Google LLC	Firebase Crashlytics	(2) 分析 3) 不正や異常の監視のため	(4) 閲覧した人や機器を識別する情報、(5) 閲覧した機器の位置についての情報
Google LLC	App Measurement	(2) 分析 1) 利用者による閲覧の傾向や履歴の分析のため	(2) 閲覧の履歴、(4) 閲覧した人や機器を識別する情報
Google LLC	Google Tag Manager	(3) 外部サービス連携 2) 外部送信プログラムの管理のため	(4) 閲覧した人や機器を識別する情報
Google LLC	YouTube	(2) 分析 1) 利用者による閲覧の傾向や履歴分析、(4) 必要不可欠な用途 2) Webサイトやアプリの利便性を向上させるため	(2) 閲覧の履歴、(4) 閲覧した人や機器を識別する情報、(5) 閲覧した機器の位置についての情報
株式会社Gunosy	Gunosy Ads	(1) 広告、各種情報の配信	(2) 閲覧の履歴、(4) 閲覧した人や機器を識別する情報

事業者名	送信先 サービス名	送信先事業者における主な送信目的	主な送信情報
株式会社クライド	ADMATRIX DSP	(1) 広告、各種情報の配信	(2) 閲覧の履歴、(4) 閲覧した人や機器を識別する情報
Criteo SA	Criteo	(1) 広告、各種情報の配信	(2) 閲覧の履歴、(4) 閲覧した人や機器を識別する情報
Crimson Tangerine Ltd.	Crimtan	(1) 広告、各種情報の配信	(2) 閲覧の履歴、(4) 閲覧した人や機器を識別する情報
株式会社クロスリスティング	クロスリスティング	(1) 広告、各種情報の配信	(2) 閲覧の履歴、(4) 閲覧した人や機器を識別する情報
Kochava	Kochava	(2) 分析 2) 広告効果の分析のため	(2) 閲覧の履歴、(4) 閲覧した人や機器を識別する情報
株式会社サイバーエージェント	CA ProFit-X / Smalgo (adtech studio) / AMoAd	(1) 広告、各種情報の配信	(2) 閲覧の履歴、(4) 閲覧した人や機器を識別する情報
Sansan株式会社	Sansan	(2) 分析 1) 利用者による閲覧の傾向や履歴の分析のため	(2) 閲覧の履歴、(4) 閲覧した人や機器を識別する情報
シナラシステムズジャパン株式会社	Cinarra	(1) 広告、各種情報の配信	(2) 閲覧の履歴、(4) 閲覧した人や機器を識別する情報
シナラシステムズジャパン株式会社	Real Sight	(2) 分析 2) 広告効果の分析のため	(2) 閲覧の履歴、(4) 閲覧した人や機器を識別する情報
Supership株式会社	ScaleOut DSP	(1) 広告、各種情報の配信	(2) 閲覧の履歴、(4) 閲覧した人や機器を識別する情報
Sportradar AG	Sportradar ad:s	(1) 広告、各種情報の配信	(2) 閲覧の履歴、(4) 閲覧した人や機器を識別する情報
スマートニュース株式会社	SmartNews Ads	(1) 広告、各種情報の配信	(2) 閲覧の履歴、(4) 閲覧した人や機器を識別する情報

事業者名	送信先 サービス名	送信先事業者における主な送信目的	主な送信情報
Salesforce, Inc.	Audience Studiox / Krux	(1) 広告、各種情報の配信、(2) 分析 1) 利用者による閲覧の傾向や履歴の分析のため 2) 広告効果の分析のため	(2) 閲覧の履歴、(4) 閲覧した人や機器を識別する情報
Salesforce, Inc.	Pardot	(1) 広告、各種情報の配信	(2) 閲覧の履歴、(4) 閲覧した人や機器を識別する情報
株式会社セプテーニ	セプテーニ	(1) 広告、各種情報の配信	(2) 閲覧の履歴、(4) 閲覧した人や機器を識別する情報
株式会社セレス	AD.TRACK （アドトラック）	(1) 広告、各種情報の配信	(2) 閲覧の履歴、(4) 閲覧した人や機器を識別する情報
株式会社D2C	docomo Ad Network	(1) 広告、各種情報の配信	(2) 閲覧の履歴、(4) 閲覧した人や機器を識別する情報
デジタル・アドバタイジング・コンソーシアム株式会社	MarketOne	(1) 広告、各種情報の配信	(2) 閲覧の履歴、(4) 閲覧した人や機器を識別する情報
株式会社電通	dPublic / People Driven DMP	(1) 広告、各種情報の配信	(2) 閲覧の履歴、(4) 閲覧した人や機器を識別する情報
The Nielsen Company (US), LLC.	Brand Lift Plus/ Nielsen Digital Creative Evaluation / Nielsen Attirbution	(2) 分析 2) 広告効果の分析のため	(2) 閲覧の履歴、(4) 閲覧した人や機器を識別する情報
The Nielsen Company (US), LLC.	Gracenote	(2) 分析 3) Webサイトやアプリの監視のため	(4) 閲覧した人や機器を識別する情報、(5) 閲覧した機器の位置についての情報
Knorex	XPO	(1) 広告、各種情報の配信	(2) 閲覧の履歴、(4) 閲覧した人や機器を識別する情報

事業者名	送信先 サービス名	送信先事業者における主な送信目的	主な送信情報
Baidu, Inc.	Baidu Analytics	(2) 分析 1) 利用者による閲覧の傾向や履歴の分析のため	(2) 閲覧の履歴、(4) 閲覧した人や機器を識別する情報
Boundless株式会社	Boundless	(1) 広告、各種情報の配信	(2) 閲覧の履歴、(4) 閲覧した人や機器を識別する情報
PubMatic, Inc.	パブマティック株式会社	(1) 広告、各種情報の配信	(2) 閲覧の履歴、(4) 閲覧した人や機器を識別する情報
バリューコマース株式会社	バリューコマース アフィリエイト	(2) 分析 2) 広告効果の分析のため	(2) 閲覧の履歴、(4) 閲覧した人や機器を識別する情報
株式会社Ptmind	Ptengine	(2) 分析 1) 利用者による閲覧の傾向や履歴の分析のため	(2) 閲覧の履歴、(4) 閲覧した人や機器を識別する情報
BidTheatre AB	BidTheatre	(1) 広告、各種情報の配信	(2) 閲覧の履歴、(4) 閲覧した人や機器を識別する情報
ビデオリサーチ	VR 計測タグ	(2) 分析 2) 広告効果の分析のため	(2) 閲覧の履歴、(4) 閲覧した人や機器を識別する情報
株式会社ビデオリサーチ	SiteGraphics	(2) 分析 1) 利用者による閲覧の傾向や履歴の分析のため	(2) 閲覧の履歴、(4) 閲覧した人や機器を識別する情報
株式会社ビデオリサーチインタラクティブ	Interactive Tracker NEXT	(2) 分析 2) 広告効果の分析のため	(2) 閲覧の履歴、(4) 閲覧した人や機器を識別する情報
Vimeo	Vimeo	(4) Webサイトやアプリにおけるサービスに必要なツール 1) Webサイトやアプリを適正かつ安全に提供するため	(4) 閲覧した人や機器を識別する情報
株式会社フォーイット	afb	(2) 分析 2) 広告効果の分析のため	(2) 閲覧の履歴、(4) 閲覧した人や機器を識別する情報

事業者名	送信先 サービス名	送信先事業者における主な送信目的	主な送信情報
Braze株式会社	Braze	(1) 広告、各種情報の配信	(2) 閲覧の履歴、(4) 閲覧した人や機器を識別する情報
株式会社fluct	Fluct	(1) 広告、各種情報の配信	(2) 閲覧の履歴、(4) 閲覧した人や機器を識別する情報
Branch.	Branch Universal Ads	(2) 分析 2) 広告効果の分析のため	(2) 閲覧の履歴、(4) 閲覧した人や機器を識別する情報
株式会社フリークアウト	Targeting/Advertising	(1) 広告、各種情報の配信	(2) 閲覧の履歴、(4) 閲覧した人や機器を識別する情報
株式会社フリップデスク	FLIPDESK	(1) 広告、各種情報の配信	(2) 閲覧の履歴、(4) 閲覧した人や機器を識別する情報
株式会社プレイド	KARTE	(2) 分析 1) 利用者による閲覧の傾向や履歴の分析のため	(2) 閲覧の履歴、(4) 閲覧した人や機器を識別する情報
株式会社ブログウォッチャー	Profile Passport SDK (PPSDK)	(1) 広告、各種情報の配信、(2) 分析 2) 広告効果の分析のため、(4) Webサイトやアプリにおけるサービスに必要なツール 2) ウェブサイトやアプリの利便性を向上させるため	(2) 閲覧の履歴、(4) 閲覧した人や機器を識別する情報、(5) 閲覧した機器の位置についての情報
Microsoft Corporation	Bing Ads / Xandr	(1) 広告、各種情報の配信	(2) 閲覧の履歴、(4) 閲覧した人や機器を識別する情報
株式会社マイクロアド	UNIVERSEAds / MicroAd COMPASS	(1) 広告、各種情報の配信	(2) 閲覧の履歴、(4) 閲覧した人や機器を識別する情報
Magnite, Inc.	Rubicon Project	(1) 広告、各種情報の配信	(2) 閲覧の履歴、(4) 閲覧した人や機器を識別する情報
Meta Platforms, Inc.	Facebook Pixel	(2) 分析 2) 広告効果の分析のため	(2) 閲覧の履歴、(4) 閲覧した人や機器を識別する情報

事業者名	送信先サービス名	送信先事業者における主な送信目的	主な送信情報
Meta Platforms, Inc.	Facebook 広告 / FacebookAudienceNetwork	(1) 広告、各種情報の配信	(2) 閲覧の履歴、(4) 閲覧した人や機器を識別する情報
Meta Platforms, Inc.	Facebook ソーシャルプラグイン / Instagram	(3) 外部サービス連携 1) SNS との連携のため	(4) 閲覧した人や機器を識別する情報
株式会社メタップス	Metaps Analytics	(2) 分析 2) 広告効果の分析のため	(2) 閲覧の履歴、(4) 閲覧した人や機器を識別する情報
Media.Net Advertising Ltd.	Media.net	(1) 広告、各種情報の配信	(2) 閲覧の履歴、(4) 閲覧した人や機器を識別する情報
ユーソナー株式会社	usonar	(2) 分析 1) 利用者による閲覧の傾向や履歴の分析のため	(2) 閲覧の履歴、(4) 閲覧した人や機器を識別する情報
LiveRamp Holdings, Inc.	Arbor	(1) 広告、各種情報の配信	(2) 閲覧の履歴、(4) 閲覧した人や機器を識別する情報
LINE 株式会社	LINE 広告	(1) 広告、各種情報の配信	(2) 閲覧の履歴、(4) 閲覧した人や機器を識別する情報
楽天株式会社	Rakuten Marketing Platform	(1) 広告、各種情報の配信	(2) 閲覧の履歴、(4) 閲覧した人や機器を識別する情報
株式会社リクルート	Lierco	(1) 広告、各種情報の配信	(2) 閲覧の履歴、(4) 閲覧した人や機器を識別する情報
RhythmOne	RhythmOne	(1) 広告、各種情報の配信	(2) 閲覧の履歴、(4) 閲覧した人や機器を識別する情報
Repro株式会社	Repro	(2) 分析 1) 利用者による閲覧の傾向や履歴の分析のため	(2) 閲覧の履歴、(4) 閲覧した人や機器を識別する情報
LinkedIn Corporation	LinkedIn Ads	(1) 広告、各種情報の配信	(2) 閲覧の履歴、(4) 閲覧した人や機器を識別する情報
LoopMe Ltd.	LoopMe	(1) 広告、各種情報の配信	(2) 閲覧の履歴、(4) 閲覧した人や機器を識別する情報

事業者名	送信先 サービス名	送信先事業者における主な送信目的	主な送信情報
株式会社レントラックス	Rentracks	(2) 分析 2) 広告効果の分析のため	(2) 閲覧の履歴、(4) 閲覧した人や機器を識別する情報
WordPress Foundation	WordPress	(4) Webサイトやアプリにおけるサービスに必要なツール 1) Webサイトやアプリを適正かつ安全に提供するため	(4) 閲覧した人や機器を識別する情報

おわりに

執筆の動機

2022年12月に登場したChatGPTは、瞬く間に世界を席巻し、インターネットの進化を文字通り非連続的に変えてしまいました。パソコンからスマートフォンへデバイスが一気にシフトしたときと同じように、またはそれをはるかにしのぐ勢いで、今後、すべてのインターネット上のビジネスはテキストベースのチャットAIを活用したものにシフトしていくのは間違いありません。

一方で、ChatGPTから派生する様々な問題も見えてきました。特にプライバシーに関する問題は、ChatGPTが教師データとして取り込んでいるデータが、適切な同意取得を経て取得されているものであるのか？もしくは不適切なそれであるのか？といった議論が巻き起こり、一部の国の政府機関では利用を停止する動きも出ています（2023年4月上旬現在）。

同じような規制強化や、社内規定の厳格化は、今後、国内でも広がってくるかと思います。これは、ChatGPTに限ったことではありません。革新的な技術開発や、新しいサービスをローンチする際、それが先進的であればあるほど、必ず、前例踏襲や、レピュテーションリスク、得体のしれない不安による拒絶といった「壁」が、社内外に立ちはだかります。

せっかく積み上げてきた顧客検証や研究成果を、いざ社会のために役立てようとしても、いわゆる「専門家（部署）」や「権威（保守派）」と呼ばれる人たちの鶴の一声で、日の目を見る機会を奪われてしまうことは、人類や社会の発展の機会を奪うことにほかなりません。

実際に、私が従事してきた様々な企業とのデータビジネスの現場でも、技術やサービスの先進性や優位性が見込めるにもかかわらず、リスクに対して複眼的な、かつ蓋然性に関する議論や検証がなされないまま、企画やプロジェクトの実行や継続が見送られるケースを何度も見てきました。

もちろん、各社の置かれている状況や、組織風土など、様々な要因が関連していますが、一つに、企画者やプロジェクト責任者自身が、法令やプライバシーへの論点を検討し、反証するための知識とスキルを持ち合わせていない、ということに一因があると考えています。

実にもったいない……。このようなことが、日本社会のあらゆるところで日々起こっているのです。

本書では、足元の法制度の改定への対応を中心に書いてきました。本来であれば、法令改正への対応は、法務部や弁護士の仕事であるにもかかわらず、なぜ、法律の専門家ではない私が書く必要があるのか。

それは、私と同じように、経営や事業開発を担う人、または、データサイエンティストやエンジニアなど、データビジネスの最前線にいる人にとって、法令改正の意図と内容が分かりやすく理解でき、自ら対応策を考える参考書のようなものは、専門家ではないからこそ書くことができるのではないか、と考えたためです。

インターネット上でビジネスを推進する側からすれば、外部送信規律は、非常に煩わしく、データ利活用の可能性に制約を与えるような規制強化に見えてしまう一面もあるかと思います。しかしながら、実際には、EUが定めるGDPRのePrivacy指令が「同意取得またはオプトアウト」を必須化していることと比較しても、「通知または公表」で良しとされている点など、利用者のプライバシー保護と、事業者のデータ利活用の可能性を両立した落としどころになっていると評価できます。

従来、データ利活用を積極的に進める際に、各社ごとに判断が求められていた情報開示の内容や方法に一定の基準ができたことは、利用者だけでなく、企業にとっても安心したデータ利活用の前提ができたとも言えるでしょう。ぜひ、この法改正を正しく理解し、一歩進んだデータガバナンスを実行していくことにより、利用者や社会のために、有益なデータ利活用ができる人材や企業が増えていくことを願っています。

謝辞

執筆決定から入稿完了までおよそ2カ月半。初めて行う書籍の執筆は、想像をはるかに超えるハードさで、何度となく行き詰まり、自分自身の力量のなさをまざまざと思い知らされる経験でした。

それでも、最後まで書き上げることができたのは、力強い仲間、パートナーのみなさんの協力があったからにほかなりません。

株式会社プライバシーテックの顧問弁護士である渡邉涼介先生、現役の慶應大学法学部法律学科の４年生である丹野裕司郎さんには、法令に対する適切な解釈やレビューにとどまらず、読者視点で分かりやすく解説するための視座を多くいただきました。

特に、2019年から、プライバシーに関連する様々な仕事を共にしてきた、株式会社プライバシーテックの福士瞳さんには、本書の執筆に当たりファクトチェックからドラフティングまで、多大なるご尽力をいただきました。今回も、時間が限られている中で、私の思いつきや、こだわりに、根気強く付き合っていただきました。

また、執筆の礎となった多くの経験と挑戦の機会をくださった、株式会社ブログウォッチャーの酒田理人さんと曽根尚史さん、一般社団法人LBMA Japanの川島邦之さん、株式会社電通・大阪大学社会技術共創研究センター（ELSIセンター）の朱喜哲さんにはこの場を借りて、日頃の感謝の気持ちをお伝えさせてください。

最後に、海の物とも山の物ともつかぬ私の「本を出したい！」という思いを受け止めていただき、実現に導いてくださった日経BPの松山貴之さんには、終始、不安な思いを抱かせ続けてしまったことかと思います。それでも、最後まで信頼していただいたことに心から感謝しております。

参考文献・参考Webサイト

参考文献

田中 浩之、蔦 大輔、平岡 優、塩崎 耕平、本嶋 孔太郎『60分でわかる！改正個人情報保護法 超入門』技術評論社、2022年

宮下 紘『プライバシーという権利』岩波書店、2021年

山本 龍彦『AIと憲法』日本経済新聞出版、2018年

参考Webサイト

＜総務省関連＞

電気通信事業における個人情報等の保護に関するガイドライン（令和４年３月 31 日個人情報保護委員会・総務省告示第４号）（2023年5月）
https://www.soumu.go.jp/main_content/000881041.pdf

電気通信事業における個人情報等の保護に関するガイドライン（令和４年個人情報保護委員会・総務省告示第４号（最終改正令和５年個人情報保護委員会・総務省告示第５号））の解説（2023年5月）
https://www.soumu.go.jp/main_content/000881042.pdf

「電気通信事業における個人情報保護に関するガイドラインの改正案」に対する意見募集において提出された御意見及び考え方（2023年5月）
https://www.soumu.go.jp/main_content/000880994.pdf

「電気通信事業における個人情報保護に関するガイドラインの解説の改正案」に対する意見募集において提出された御意見及び考え方（2023年5月）
https://www.soumu.go.jp/main_content/000880995.pdf

電気通信事業法施行規則等の一部改正について（2022年9月26日）
https://www.soumu.go.jp/main_content/000837586.pdf

外部送信規律に係る 電気通信事業における個人情報保護に関するガイドラインの解説案 について（第 21 回資料 1 との修正点）（2022年12月23日）
https://www.soumu.go.jp/main_content/000853184.pdf

電気通信消費者情報コーナー（外部送信規律）
https://www.soumu.go.jp/main_sosiki/joho_tsusin/d_syohi/gaibusoushin_kiritsu.html

総務省電気通信事業参入マニュアル（追補版）（2023年1月30日）
https://www.soumu.go.jp/main_content/000799137.pdf

電気通信事業法について（2018年10月）
https://www.meti.go.jp/press/2021/02/20220218001/20220218001.html

利用者情報の取扱いに関する諸外国の法令・自主規制・事例（2022年3月16日／株式会社野村総合研究所）
https://www.soumu.go.jp/main_content/000799060.pdf

＜政府関連＞
総務省・経済産業省『DX時代における企業のプライバシーガバナンスガイドブック ver1.2』(2022年)
https://www.meti.go.jp/press/2021/02/20220218001/20220218001.html

政府広報オンライン（「個人情報保護法」をわかりやすく解説 個人情報の取扱いルールとは？）
https://www.gov-online.go.jp/useful/article/201703/1.html

＜業界団体＞
一般社団法人 日本インタラクティブ広告協会(JIAA)『電気通信事業法における外部送信規律についてのガイダンス 第一版』(2023年6月)
https://www.jiaa.org/

一般社団法人LBMA Japan『デバイスロケーションデータ 共通ガイドライン ver3.1.0』(2023年6月)
https://www.lbmajapan.com/

＜その他＞
Yahoo!広告（Cookieとは？　仕組みやWeb広告における役割、廃止に関する情報（2022年2月22日）
https://ads-promo.yahoo.co.jp/service/start-articles/basic/cookie-ads/

企業法務ナビ（GDPR関連資格をとろう！ Q&Aで学ぶGDPRとCookie規制（7）- ePrivacy指令によるCookie規制）（2021年

10月14日）
https://www.corporate-legal.jp/matomes/4452

マケフリ（Cookieとは？「なんとなく」理解している用語を「きちんと」理解できるようにまとめました）（2020年5月28日）
https://makefri.jp/web/8313/

Qiita @hirano（Unity iOS/Androidで位置情報を取得する）（2019年10月9日）
https://qiita.com/hirano/items/dde92f4ed76fb377746e

大阪大学社会技術共創研究センター　ELSI NOTE
https://elsi.osaka-u.ac.jp/research/research_category/elsi_note

著者紹介

山下 大介（やました・だいすけ）

株式会社プライバシーテック代表取締役

一般社団法人LBMA Japan監事・共通ガイドライン主任編集委員

一般社団法人日本インタラクティブ広告協会（JIAA）外部送信規律検討タスクフォースメンバー

IT系スタートアップ企業で事業開発としてキャリアをスタート。通信キャリアでのビジネスコンサルタント業務などを経て、株式会社リクルートに転職。位置情報データ事業部門における、グロース責任者、データプライバシーオフィサー（DPO）を経て、全社のデータガバナンス部門で「プライバシーセンター」のプロデュース、従業員向けの教育啓発制度の開発を歴任。2022年1月に株式会社プライバシーテックを創業。企業の外部送信規律への対応負荷を軽減するサービス開発や、パーソナルデータを活用したAI活用やDX推進する企業・行政を対象に、データガバナンス構築、人材開発、ビジネス開発を手掛けている。お問い合わせはこちらまでお気軽にどうぞ　daiske@privacytech.co.jp

外部送信規律 スピード対応マニュアル

2023年7月31日　第1版第1刷発行

著　　者　山下 大介
発 行 者　森重 和春
発　　行　株式会社日経ＢＰ
発　　売　株式会社日経ＢＰマーケティング
　　　　　〒105-8308　東京都港区虎ノ門4-3-12
装　　丁　bookwall
制　　作　マップス
編　　集　松山 貴之
印刷・製本　図書印刷

Printed in Japan
ISBN978-4-296-20222-5